高职高专计算机类专业系列教材

项目式 C 语言教程

（第二版）

主　编　陈和洲　张　彬　张冬梅
副主编　舒廷杰　黑国育　何渝蔺

西安电子科技大学出版社

内 容 简 介

　　本书采用项目方式组织内容，从应用出发，利用实际问题引出语法，从解决问题的角度出发来讲解知识点。全书共 10 个项目，内容包括显示广告语、完成数据计算、菜单设计、大量数据求和、成绩的计算、多门功课成绩的计算、用结构体处理学生成绩、编写一个日历程序、为函数设置多个返回值、大数求平均值问题。各个项目都配有习题，便于读者练习 C 语言编程方法。

　　本书可以作为高职院校相关专业的教材，也可以作为自学 C 语言的参考用书。

图书在版编目(CIP)数据

项目式 C 语言教程 / 陈和洲，张彬，张冬梅主编. —2 版. —西安：
西安电子科技大学出版社，2022.6
ISBN 978-7-5606-6385-2

Ⅰ. ①项… Ⅱ. ①陈… ②张… ③张… Ⅲ. ①C 语言—程序设计—
高等职业教育—教材 Ⅳ. ① TP312.8

中国版本图书馆 CIP 数据核字(2022)第 082763 号

策　　划　刘玉芳
责任编辑　刘玉芳
出版发行　西安电子科技大学出版社(西安市太白南路 2 号)
电　　话　(029)88202421　88201467　　　　邮　　编　710071
网　　址　www.xduph.com　　　　　　　电子邮箱　xdupfxb001@163.com
经　　销　新华书店
印刷单位　陕西天意印务有限责任公司
版　　次　2022 年 6 月第 2 版　　2022 年 6 月第 1 次印刷
开　　本　787 毫米×1092 毫米　1/16　印 张　18.5
字　　数　438 千字
印　　数　1～3000 册
定　　价　48.00 元
ISBN 978 - 7 - 5606 - 6385 - 2 / TP
XDUP 6687002-1

如有印装问题可调换*

前　言

C 语言是一种计算机程序设计语言。它既有高级语言的特点，又有汇编语言的特点；它既可以作为操作系统设计语言，编写系统应用程序，也可以作为应用程序设计语言，编写不依赖于计算机硬件的应用程序。因此，它的应用范围广泛。本书采用项目方式，从应用出发介绍 C 语言，通过解决实际问题引出语法。

与其他项目式教材相比，本书的特点如下：

(1) 在每个项目开始的时候引入问题，然后分析问题并进行分解，在逐步解决问题的同时引入新的知识点，当解决完所有问题后，在项目的最后会给出所讨论问题的完整程序代码。

(2) 项目问题提出后，围绕该问题，从解决问题的角度出发来讲解知识点。

(3) 项目选择具有代表性。项目 1 为显示广告语，学生可以发挥想象力在屏幕上显示各种图案；项目 5~7 选择期末成绩处理这个与学生密切相关的问题，让学生理解起来更加容易。

(4) 项目内部结构紧凑，以实际问题的解决方法为引线，逐步推进。随着问题探讨的深入，介绍相应的知识点和运用技巧，让学生在不知不觉中学会了语法知识。

(5) 项目之间连贯性强。项目 5、6、7 围绕同一个问题进行，逐步推进，贯穿了数组、二维数组、结构体、字符串等相关内容。

(6) 注重项目间知识点的连续性。项目 1 介绍了 C 语言程序的基本结构，项目 2 开始引入数据类型，项目 3 讲解分支结构，项目 4 介绍了循环，三种基本结构都讲解完毕，项目 5 开始引入数组，项目 6 介绍了二维数组，项目 7 讲解了字符数组和结构体，项目 8 利用一个日历程序，讲解了模块化设计——函数的设计和使用，项目 9 提出函数间数据传递问题，引入了指针，并讲解了数组和指针的关系。

本书由重庆航天职业技术学院的陈和洲、张彬、张冬梅任主编，四川外国语大学教育技术中心舒廷杰及重庆航天职业技术学院黑国育、何渝蔺任副主编。陈和洲对全书的编写思想和大纲进行了总体策划，对全书进行了统稿，并编写了项目 5、项目 6、项目 8、项目 9、项目 10；张彬编写了项目 1；张冬梅编写了项目 2；舒廷杰编写了项目 7；黑国育编写了项目 3；何渝蔺编写了项目 4。

由于编者水平有限，书中难免存在不足之处，恳请广大读者批评指正。

编　者

2021 年 12 月

目　　录

项目 1 显示广告语

1.1 项目要求

(1) 初步认识计算机编程。
(2) 了解 C 语言的结构。
(3) 掌握 printf 语句输出文字的方法。
(4) 掌握 Code::Blocks 的使用方法。
(5) 了解 C 语言的发展史及其特点。

1.2 项目描述

广告是企业在进行宣传时所采用的一种必不可少的方式,如摩托罗拉手机广告"Hello MOTO"、李宁运动服饰广告"一切皆有可能"、农夫山泉广告"农夫山泉有点甜"等。不论是平面广告还是电视广告,除了文字之外还包括图片、声音等。本项目通过计算机编程显示最简单的文字,但不显示视频、图片、声音等。

1.2.1 编程语言

要让计算机工作,首先需要告诉计算机干什么,即执行什么指令。程序就是一组指令的集合。我们把计算机需要执行的程序写下来,然后输入到计算机中,计算机将会自动执行程序指定的工作,这些程序也称为"软件"。在计算机中,使用的是二进制数(关于二进制数与计算机的关系,见附录 A)。随着计算机的发展,纯粹地使用二进制数编程无法满足要求,人们用一些英文符号代替二进制指令来进行编程,这就是汇编语言。完成从汇编语言到机器语言转换的程序称为编译程序。

机器语言和汇编语言都是面向硬件具体操作的,对机器过分依赖,要求使用者必须对硬件结构及其工作原理都十分熟悉,这对于计算机的推广应用是非常不利的。随着计算机的用途逐渐地扩大,有越来越多的人参与到计算机的使用和编程中来,也有越来越复杂的程序需要编写,汇编语言已经满足不了要求。这促使人们去寻求一些与人类自然语言相接近且能为计算机所接受的语义确定、规则明确、自然直观和通用易学的计算机语言,这种与自然语言相近并为计算机所接受和执行的计算机语言称为高级语言。

此后，高级语言大量出现，如方便初学者学习编程的 BASIC 语言，用于编写操作系统的 C 语言，主要应用于情报检索、商业数据处理等管理领域的 COBOL 语言，军用编程语言 Ada 语言，以及 PASCAL 语言、Java 语言、C++ 语言、C# 语言等。

C 语言是一种计算机程序设计语言，它既有高级语言的特点，又有汇编语言的特点。C 语言由美国贝尔研究所的 D.M.Ritchie 于 1972 年推出，1978 年之后被移植到大、中、小及微型计算机上。它既可以作为操作系统设计语言，编写系统应用程序，也可以作为应用程序设计语言，编写不依赖于计算机硬件的应用程序。它的应用范围广泛，具备很强的数据处理能力，不仅仅用于软件开发，而且各类科研中都需要用到 C 语言，因此我们选择 C 语言来学习计算机编程。

1.2.2　编写广告语

接下来我们就开始用 C 语言完成本项目的要求——写广告语。首先以摩托罗拉手机的广告"Hello MOTO"为例进行说明。

例 1-1　摩托罗拉手机广告"Hello MOTO"文字显示。

```
1    /*===============================================
2    *程序名称：HelloMOTO.c
3    *功能：显示摩托罗拉手机广告"Hello MOTO"
4    *===============================================*/
5    #include <stdio.h>
6    #include <stdlib.h>
7
8    int main()
9    {
10       printf("Hello MOTO!\n");
11
12       return 0;
13   }
14
```

运行这个程序会在显示屏上显示如下文字：

```
Hello MOTO!
```

这里用一个带圆角的方框代表程序运行时计算机显示器上会出现的文字，本书中都会以这种方式来显示程序运行的结果。

说明：

(1) 位于"/*"和"*/"中间的所有内容都是注释。这部分不是 C 语言的语句，是对程序所作的说明，是写给编程人员看的，计算机编译的时候会自动跳过本段。注释是程序中必不可少的部分，它增强了代码的可读性。一个好的程序必须加上合适的注释。

除了用 /*和*/ 来标注块注释外，还可以用"//"来对一行代码进行注释。注释可以写在任何位置。

(2) #include <stdio.h> 用于说明程序中包含了一个库文件。#include 是一条预处理指令，就是在进行程序编译之前预先处理的指令。其作用是把 stdio.h 文件的内容调出来放在此位置，这样在程序中就可以使用 stdio.h 文件的内容了。

所谓的库就是一种工具集合，这些工具由其他程序员编写，用于执行特定的功能。本程序中使用的库是由 ANSI C 提供的标准输入输出库(stdio.h)。如果在程序中还需要其他的库，则对每一个库都必须使用一行 #include 指令。

在编写程序时，使用库提供的工具可以省去自己编写这些工具的麻烦。

要使用一个库，必须提供足够的信息让编译器知道库里有哪些工具可以使用。对于库的说明写在了一个头文件(.h)中。如 stdio.h 是一个头文件，它定义了标准的输入输出库的内容。

#include 有两种形式，分别为

　　　　#include<stdio.h>

和

　　　　#include"stdio.h"

以上两种#include 指令形式的区别是：使用尖括号表示在编译系统的包含文件目录中去查找被包含文件(包含文件目录是由用户在设置环境时设置的)，这称为标准形式。使用双引号则表示首先在当前的源文件目录中查找被包含文件，若未找到才按照标准形式到编译系统的包含文件目录中查找。如果使用系统提供的库文件，则用标准形式比较好；若包含用户自己的库文件，则可以把该库文件放在用户源文件目录中，然后用双引号的形式引用。

(3) 下面函数代码

```
1   int main()
2   {
3       printf("Hello MOTO!\n");
4
5       return 0;
6   }
7
```

是主函数。C 语言程序的功能是由函数来实现的，程序总是从 main 函数开始执行，在 main函数中结束，而且不论 main 函数在整个程序中的位置如何。

函数可以理解为实现某个功能的独立程序段。一个函数主要由以下几部分组成：

　　　函数类型　　　函数名(参数类型　参数名)

　　　{

　　　　　函数体；

　　　}

例如，int 就是函数的类型，指整型类型(整型类型在项目 2 中讲解)；main 就是函数的名称；{　}表示了 main 函数开始和结束的位置；函数体是在{　}中间的语句，用于实现程序的功能。

(4) "return 0;"语句用于返回数据。我们运行的所有程序都是基于操作系统(如 Windows 系统或者 Linux 系统)的，程序运行完成后要向操作系统报告运行的状态。"return 0;"是向操作系统返回一个 0 值，表示程序正常运行结束。

(5) "printf("Hello MOTO!\n");"语句用于调用函数 printf 并输出一段文字。要在显示屏上显示文字，涉及 CPU、内存、显卡、显示屏以及操作系统等的工作原理，操作非常复杂，C 语言开发者编写了一个输出函数 printf，让使用 C 语言的编程人员不用了解上述工作原理就可以进行编程。在程序设计中，通过函数名来使用该函数的行为称为调用，在 HelloMOTO.c 中的语句

        printf("Hello MOTO!\n");

就是对函数 printf 的调用。

在调用一个函数的时候，我们需要提供一些额外的信息。如 printf 可以在屏幕上显示信息，但是显示什么信息呢？这些额外的信息由括号内的参数说明。参数就是一个函数调用程序提供给函数的信息，此处的参数是由双引号内的一串字符组成的。

当程序执行时，printf 会逐个显示"H""e""1"等，直到所有的字符都出现在屏幕上。在字符串的结尾部分，是一个特殊字符 \n，称为换行字符。当 printf 输出最后的"！"时，光标停留在文本末尾的"！"后面。当函数 printf 输出换行字符(\n)时，光标会移动到下一行的开始位置，就像我们按下了 Enter 键一样。在编写程序时，必须在合适的位置使用"\n"，否则所有的输出都将不分行地显示在一起。

对于例 1-1 的程序，除了"printf("Hello MOTO!\n");"实现了程序的功能外，其他的全部是结构性的语句。这就是说，如果另外编写一个程序，只需要把"printf("Hello MOTO!\n");"一句换成实现相应功能的语句就可以了，程序的其他部分不需要改变。接下来我们编写程序输出李宁运动服饰的广告词。

【练习 1-1】 在下面的空白处填写 C 语言语句，在屏幕上输出李宁运动服饰的广告词"一切皆有可能!"。

```
1   /*==========================================
2   *程序名称：Lining.c
3   *功能：显示李宁运动服饰广告词"一切皆有可能!"
4   *==========================================*/
5   _____
6   _____
7   _____
8   _____
9   _____
10  _____
11  _____
12  _____
13  _____
```

运行这个程序会在显示屏上显示如下文字：

> 一切皆有可能！

1.2.3 显示复杂内容

利用 printf 函数可以显示很多内容。例如可以用如下的程序显示《诗经》中的名句："关关雎鸠，在河之洲。窈窕淑女，君子好逑。"

例 1-2 《诗经》文字显示。

```
1   /*==================================================
2   *程序名称：songs.c
3   *功能：按下面的格式显示
4           诗经
5
6           关关雎鸠，
7           在河之洲。
8           窈窕淑女，
9           君子好逑。
10  *==================================================*/
11  #include <stdio.h>
12  #include <stdlib.h>
13
14  int main()
15  {
16      printf("诗经\n");
17      printf("\n");
18      printf("关关雎鸠， \n");
19      printf("在河之洲。 \n");
20      printf("窈窕淑女， \n");
21      printf("君子好逑。 \n");
22      return 0;
23  }
24
```

程序运行后会在显示器上显示如下结果：

> 诗经
>
> 关关雎鸠，
> 在河之洲。
> 窈窕淑女，
> 君子好逑。

1.2.4　程序编译过程

通过上述例子我们学会了使用 C 语言编写一个在显示屏上显示文字的程序，但是这样的程序还不是计算机的可执行程序。C 语言程序文件保存的文件后缀名为 ".c"，称为源程序文件，如 HelloMOTO.c。这个文件需要经过预处理、编译、链接三个步骤才能变成可执行程序。完成这三个步骤的工具软件分别称为预处理器、编译器、链接器。

预处理器对源程序进行转换，以生成符合编译器要求的等价的 C 语言源程序。由于这个等价的 C 语言源程序不会被保存，所以对于编程人员来说是不可见的。

编译器用于将预处理器转换好的 C 语言源程序文件生成目标文件，也就是"obj 文件"。其文件名与 C 语言程序文件相同，不同的编译器其后缀名也不同。同时，编译器还可以查找程序中的错误，如语法错误、类型错误、声明错误等。

链接器将库文件以及由编译器生成的若干个目标文件整合成一个可执行程序。在 Windows 系统中，可执行程序的后缀名为 ".exe"。整个程序编译过程如图 1-1 所示。

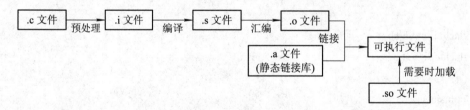

图 1-1　程序编译过程

在众多的 C 语言编译器中，GNU/GCC 是一款优秀的开源编译器。Code::Blocks 使用 GNU/GCC 编译器，是一款专门的 C/C++ 集成开发环境。集成开发环境(IDE)中包含了完成预处理、编译、链接等步骤的各种工具软件，我们只需要点击一个按钮就可以实现多个步骤，直接生成最终的可执行程序。另外，集成开发环境还在"项目管理""源代码管理""代码分析"等功能上提供了大量的工具，所以我们在编写程序时，往往只使用某一款集成开发环境。本书中的所有程序都在 Code::Blocks 中编译通过。

1.3　Code::Blocks 的安装和使用

编程工具种类繁多，其中图形化的编程工具相比其他工具来说能够更方便地进行程序的编写和调试。具有代表性的跨平台 IDE 中就集成了图形化的编程工具。Code::Blocks 除了具备 IDE 典型的集编辑、编译、调试于一体的功能之外，还具有以下特点：

(1) 开源。开源不仅仅意味着免费，它还意味着有更好的学习途径。

(2) 跨平台。Code::Blocks 可以在 Windows、Linux、Mac OS 等多个平台上运行。

(3) 跨编译器。Code::Blocks 支持 GCC/g++、Visual C++、Borland C++、Intel C++ 等二十多款编译器。

(4) 采用插件式框架。Code::Blocks 采用开放体系，具有良好的功能扩展能力。

(5) 由 C++ 写成。Code::Blocks 程序本身就是用 C++ 语言编写的，无需安装额外的、往往是庞大的运行环境。

(6) 内嵌可视化 GUI 设计。Code::Blocks 的图形界面采用 wxWidgets 设计，同时也支持使用 wxWidgets 进行可视化图形界面设计。

(7) 支持多国语言。通过附加不同的语言包，Code :: Blocks 可以实现菜单的多国语言化。例如，安装中文语言包，界面菜单即是方便中国人使用的汉字。

1.3.1　Code::Blocks 的安装

Code::Blocks 最新版本是17.12，可以在官方网站http://www.codeblocks.org/downloads/26 下载。本书使用10.05版本，因为汉化文件基于10.05版本。如果是 Windows 系统，则下载 codeblocks-10.05mingw-setup.exe，此文件自带了编译器，对于初学者来说比较方便。

1．在 Windows 系统中安装

双击下载好的文件 codeblocks-10.05mingw-setup.exe 即可以开始安装。安装时要选择全部安装(Full：All plugins，all tools，just everything)，防止有些库未安装的情况出现。选择路径时，点击"Browse"选择要安装的目录，默认路径为 C:\Program Files\codeblocks。最后点击"Finish"按钮，即可完成安装过程。

2．在 Linux 系统中安装

在 Linux 系统中安装 Code::Blocks，首先应该安装基本的编译环境。在 Fedora14中可以打开终端，执行命令：sudo yum install gcc gcc-c++ *aclocal –y，即可将所需要的编译工具安装完毕。

然后安装 Code::Blocks。以 Fedora14为例，打开终端，输入命令：sudo yum install codeblocks* xterm -y，即可自动安装。

1.3.2　Code::Blocks 的汉化

1．Windows 系统中的汉化

(1) 第一次启动 Code::Blocks 时，会出现如图 1-2 所示的对话框。选择编译器，选择"GNU GCC Compiler"，点击"OK"按钮即可。

(2) 启动程序，进入 Code::Blocks 主界面，这时会弹出一个名为"Tip of the Day"的小对话框，如图 1-3 所示。这是每日提示，把"Show tips at startup"前的勾去掉，就可以使该提示不再显示。

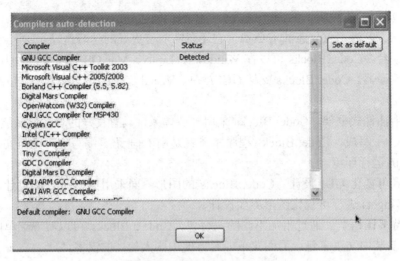

图 1-2

图 1-3

（3）安装完毕后 Code::Blocks 是英文显示的，我们需要进行汉化。汉化包在 http://www.d2school.com/ codeblocks/download/d2school_codeblocks_chinese_locale.7z 下载，解压后会产生一个 zh_CN 文件夹。先在 C:\Program Files\codeblocks\share\codeblocks\目录中新建名为 locale 的件夹，并将获得的 zh_CN 文件夹复制到 locale 目录中，然后打开软件，选择菜单"settings→Environment→View"，勾选"Internationalization(will take place after restart)"，选择选项"Chinese(Simplified)"。重新启动 Code::Blocks，即可完成汉化。

2. Linux 系统中的汉化

（1）在终端中执行命令：sudo mkdir /usr/share/codeblocks/locale，新建 locale 文件夹。

（2）把 zh_CN 文件夹复制到刚才建立的目录下。假设 zh_CN 文件夹放在 ~/目录下，则执行命令：sudo cp -R ~/zh_CN/ /usr/share/codeblocks/locale。

（3）打开软件，选择菜单"settings→Environment→View"，勾选"Internationalization(will take place after restart)"，然后选择"Chinese(Simplified)"。

（4）执行命令：sudo chmod -R 777 /usr/share/codeblocks/locale/，把 zh_CN 文件夹权限改为 777。

(5) 重新启动 Code::Blocks，汉化完成。

1.3.3　配置 g++ 编译器及调试器

首先到 C:\Program Files\codeblocks\MinGW\bin 目录下，检查一下有没有以下文件：

mingw32-gcc.exe：C 语言编译器。

mingw32-g++.exe：C++ 语言编译器，同时也是 DLL(动态库)的链接器。

ar.exe：静态库的链接器。

gdb.exe：调试器。

windres.exe：Windows 下的资源文件编译器。

mingw32-make.exe：制作程序。

确认没有问题后，则点击 Code::Blocks 主菜单的"设置"(汉化前的"Settings")，选中"编译器和调试器设置..."，在出现的对话框中，选中左侧的"全局编译器设置"，然后对照图 1-4，检查右侧的"可执行工具链"下的配置是否正确无误。

图 1-4

一般来说，程序正常安装好后这些配置都是没有问题的。但是如果上述配置不正确，Code::Blocks 将无法进行工作。

若是在 Linux 系统中，则需打开菜单"设置→编译器和调试器设置→全局编译器设置"，检查其中的配置是否与图 1-5 中的一样。

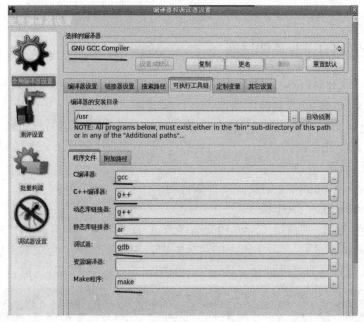

图 1-5

1.3.4　编写程序

安装和配置好 Code::Blocks 后，就可以开始编写程序了。Code::Blocks 的界面如图 1-6 所示。

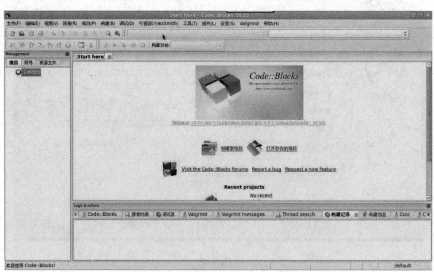

图 1-6

Code::Blocks 利用工作空间(Workspace)来管理项目(Project)。一个项目就是我们完成一个工作的所有源文件(Source File)的集合，而源文件就是保存我们编写的代码的文件。一般来说，C 语言源代码的文件后缀名为 .c，用来区分各种不同的文件。另外，在编写程序的时候还可能会用到库(Library)，一个库就是各种功能实现的集合，一般来说系统会自带一些库，方便我们使用，如输入/输出、数学函数等。与库相关的是头文件(Header File)。头文件的主要作用在于调用库功能，对各个被调用的函数给出一个描述，其本身不包含程序的逻辑实现代码，它只起描述性作用，告诉应用程序通过相应途径寻找相应功能函数的真正逻辑实现代码。用户程序只需要按照头文件中的接口声明来调用库功能，编译器就会从库中提取相应的代码。头文件的后缀名是 .h。

采用 Code::Blocks 编写 C 语言程序的基本方法如下所述。启动 Code::Blocks，点击菜单"文件→新建→项目"，打开模板对话框，如图 1-7 所示，然后选择"Console application"，建立一个控制台程序。点击"出发"按钮，得到如图 1-8 所示的说明页面，点击"下一步"按钮即可得到图 1-9 所示的语言选择界面。

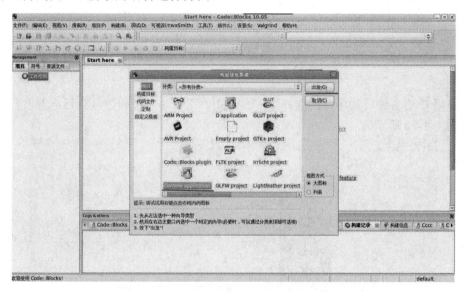

图 1-7

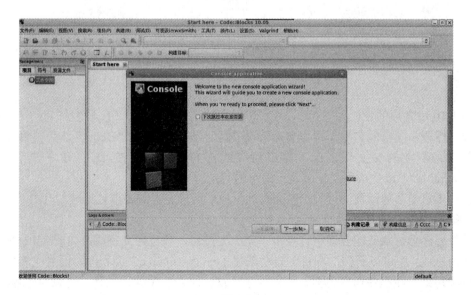

图 1-8

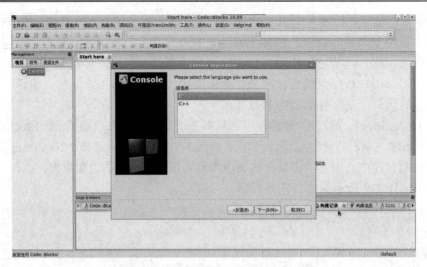

图 1-9

若是用 C 语言编写程序，就选择"C"，点击"下一步"按钮进入项目标题及目录设置页面，如图 1-10 所示。

图 1-10

图 1-10 中各项的说明如下：

项目标题：项目的名称，根据实际情况书写。图 1-10 中用"Hello"作为项目标题。

新项目所在的父文件夹：不能用系统默认的路径，应在 D 盘建立一个文件夹"MyPrograme"，以生成用户平时进行练习的目录。

这一步只需要修改前两项，程序会自动生成后两项，不需要单独处理。点击"下一步"按钮，得到如图 1-11 所示的页面。

选择编译器，默认配置即可，点击"完成"按钮，项目建立完成，如图 1-12 所示。

从图 1-12 中可以看到，项目下自动创建了一个"main.c"源程序，而且主要的 main 函数已经写好。在程序运行之前，首先构建项目，这是一个编译过程，可以检查程序中有无语法错误，若有错误，则需要修改程序，直到没有错误为止，如图 1-13 所示。

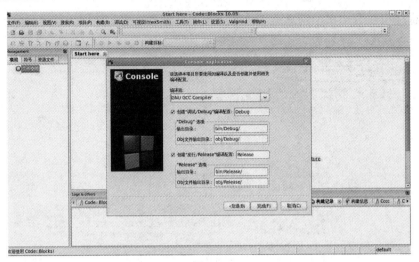

图 1-11

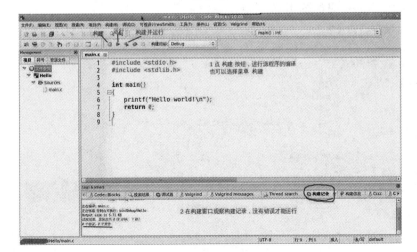

图 1-13

如果程序中没有错误，则点击"运行"按钮，查看结果，如图 1-14 所示。

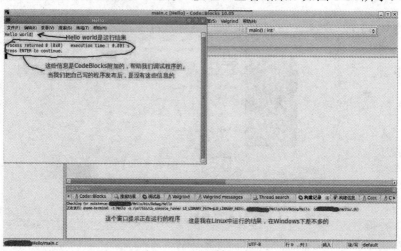

图 1-14

程序运行结果的显示可以是英文或中文。若要输出中文，则首先需要修改编码。依次选择菜单"编辑→文件编码→系统默认"，然后修改程序：

```
1   #include <stdio.h>
2   #include <stdlib.h>
3
4   int main()
5   {
6       printf("这是我的第一个 C 程序!\n");
7       return 0;
8   }
9
```

构建、运行后的结果如图 1-15 所示。

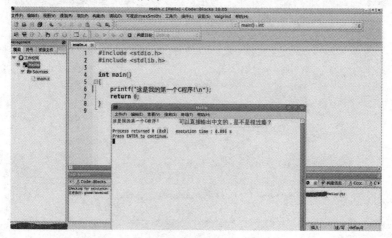

图 1-15

关于 Code::Blocks 的基本使用就介绍到这里。当然，Code::Blocks 的功能远不止这些，还有很多强大的功能有待于进一步发掘。

1.4　C 语言的发展史及其特点

C 语言的发展颇为有趣。它的原型是 ALGOL 60语言(也称为 A 语言)。1963年，剑桥大学将 ALGOL 60语言发展成为 CPL(Combined Programming Language)。1967年，剑桥大学的 Matin Richard 对 CPL 语言进行了简化，于是产生了 BCPL(Basic CPL)。1970年，美国贝尔实验室的 Ken Thompson 对 BCPL 进行了修改，并为它起了一个有趣的名字——B 语言，意思是"将 CPL 语言煮干，提炼出它的精华"，而且他还用 B 语言写了第一个 UNIX 操作系统。1973年，B 语言也被"煮"了一下，美国贝尔实验室的 D.M.Ritchie 在 B 语言的基础上最终设计出了一种新的语言，他取了 BCPL 的第二个字母作为这种语言的名字，这就是 C 语言。为了进一步推广 UNIX 操作系统，1977年，Dennis M.Ritchie 发表了不依赖于具体机器系统的 C 语言编译文本《可移植的 C 语言编译程序》。

1978年，Brian W.Kernighian 和 Dennis M.Ritchie 出版了著作《The C Programming Language》，从而使 C 语言成为目前世界上流行最广泛的高级程序设计语言。1988年，随着微型计算机的日益普及，出现了许多 C 语言版本。由于没有统一的标准，使得这些 C 语言之间出现了一些不一致的地方。为了改变这种情况，美国国家标准研究所(ANSI)为 C 语言制定了一套 ANSI 标准(C89)，成为现行的 C 语言标准。1990年，国际标准化组织(International Organization for Standardization，IOS)接受了89 ANSI C 为 ISO C 的标准(ISO 9899—1990)。1994年，ISO 修订了 C 语言的标准。

1995 年，ISO 对 C90 做了一些修订，即"1995 基准增补 1(ISO/IEC/9899/AMD1：1995)"。1999 年，ISO 又对 C 语言标准进行了修订，在基本保留原来 C 语言特征的基础上，针对应有的需求，增加了一些功能，尤其是将 C++ 中的一些功能命名为 ISO/IEC9899：1999，简称 C99。2001 年和2004 年先后进行了两次技术修正。

目前流行的 C 语言编译系统大多是以 ANSI C 为基础进行开发的，但不同版本的 C 编译系统所实现的语言功能和语法规则又略有差别。

2011年12月，ISO 正式公布了新的 C 语言国际标准草案：ISO/IEC 9899：2011。新的标准提高了对 C++ 的兼容性，并将新的特性增加到 C 语言中。新功能包括支持多线程，基于 ISO/IEC TR 19769：2004规范下支持 Unicode，提供更多用于查询浮点数类型特性的宏定义和静态声明功能。

本书以 C89标准为基础进行讲解。

早期的 C 语言主要用于 UNIX 系统。由于 C 语言的强大功能和各方面的优点逐渐为人们所认识，到了 20 世纪 80 年代，C 语言开始进入其他操作系统，并很快在各类大、中、小和微型计算机上得到了广泛的使用，成为当代最优秀的程序设计语言之一。

下面介绍 C 语言的优秀之处。

1. 语言简洁，使用方便灵活

C 语言是现有程序设计语言中规模最小的语言之一，而小的语言体系往往能设计出较好的程序。C 语言的关键字很少，ANSI C 标准一共只有 32 个关键字和 9 种控制语句，压缩了一切不必要的成分。C 语言的书写形式比较自由，表达方法简洁，使用一些简单的方法就可以构造出相当复杂的数据类型和程序结构。

2. 可移植性好

C 语言是通过编译来得到可执行代码的。统计资料表明，不同机器上的 C 语言编译程序 80%的代码是公共的，C 语言的编译程序便于移植，从而使在一种单片机上使用的 C 语言程序，可以不修改或稍加修改就能方便地移植到另一种结构类型的单片机上。这大大增强了我们使用各种单片机进行产品开发的能力。

3. 表达能力强

C 语言具有丰富的数据结构类型，可以根据需要采用整型、实型、字符型、数组类型、指针类型、结构类型、联合类型、枚举类型等多种数据类型来实现各种复杂数据结构的运算。C 语言还具有多种运算符，灵活使用各种运算符可以实现其他高级语言难以实现的运算。

4. 表达方式灵活

利用 C 语言提供的多种运算符，可以组成各种表达式，还可采用多种方法来获得表达式的值，从而使用户在程序设计中具有更大的灵活性。C 语言的语法规则不太严格，程序设计的自由度比较大，程序的书写格式自由灵活。

5. 可进行结构化程序设计

C 语言是以函数作为程序设计的基本单位的，对于输入和输出的处理也是通过函数调用来实现的。各种 C 语言编译器都会提供一个函数库，其中包含许多标准函数，如各种数学函数、标准输入/输出函数等。此外，C 语言还具有自定义函数的功能，用户可以根据自己的需要编制满足某种特殊需要的自定义函数。实际上 C 语言程序就是由许多个函数组成的，一个函数即相当于一个程序模块，因此 C 语言可以很容易地进行结构化程序设计。

6. 可以直接操作计算机硬件

C 语言具有直接访问单片机物理地址的能力，可以直接访问片内或片外存储器，也可以进行各种位操作。

7. 生成的目标代码质量高

众所周知，汇编语言程序目标代码的效率是最高的，这就是为什么汇编语言仍是编写计算机系统软件的重要工具的原因。但是统计表明，对于同一个问题，用 C 语言编写的程序生成代码的效率仅比用汇编语言编写的程序低10%～20%。

尽管 C 语言具有很多的优点，但和其他任何一种程序设计语言一样，C 语言也有其自身的缺点，如不能自动检查数组的边界，各种运算符的优先级别太多，某些运算符具有多种用途等。总的来说，C 语言的优点远远超过了它的缺点。经验表明，程序设计人员一旦学会使用 C 语言之后，就会对它爱不释手，尤其是单片机应用系统的程序设计人员更是如此。

1.5　总　　结

计算机的语言有机器语言、汇编语言、高级语言等。机器语言是计算机能够识别的语言，由二进制数组成，读和写都非常不方便。汇编语言是符号化了的机器语言，能够解决一部分机器语言不方便读写的问题。高级语言接近人类的语言，让我们可以写出非常复杂的程序。汇编语言和高级语言都需要由专门的编译器翻译成机器语言后，才能被计算机执行。

C语言是一门计算机高级语言，伴随着操作系统的产生而产生，以其独特的优势成为一种使用广泛的计算机编程语言。C语言在电子产品领域的独特优势，使之成为电子类专业学生必学的一门编程语言。

通过本章的学习，我们可以了解C语言的程序结构，学会使用printf函数显示文字，学会"\n"的用法，能够在屏幕上显示自己想要的文字图案。

任何一门语言都需要编程工具的支持，好的编程工具可以给我们带来极大的便利。C/C++集成开发环境(IDE)Code::Blocks可以让我们的C语言学习之路进展得更加顺利。

1.6　习　　题

一、选择题

1. 计算机高级语言程序的运行方法有编译执行和解释执行两种，以下叙述中正确的是（　　）。

    A．C语言程序仅可以编译执行

    B．C语言程序仅可以解释执行

    C．C语言程序既可以编译执行，又可以解释执行

    D．以上说法都不对

2. 以下叙述中错误的是（　　）。

    A．C程序在运行过程中的所有计算都以二进制方式进行

    B．C程序在运行过程中的所有计算都以十进制方式进行

    C．所有C程序都需要编译、链接无误后才能运行

    D．C程序中的整型变量只能存放整数，实型变量只能存放浮点数

3. 以下叙述中正确的是（　　）。

    A．C程序的基本组成单位是语句

    B．C程序中的每一行只能写一条语句

    C．简单C语句必须以分号结束

    D．C语句必须在一行内写完

4. 计算机能直接执行的程序是（　　）。

    A．源程序　　　　B．目标程序　　　　C．汇编程序　　　D．可执行程序

5．以下叙述中正确的是(　　　)。

    A．C 程序中的注释只能出现在程序的开始位置和语句后面

    B．C 程序书写格式严格，要求一行内只能写一个语句

    C．C 程序书写格式自由，一个语句可以写在多行上

    D．用 C 语言编写的程序只能放在一个程序文件中

二、编程题

1．编程实现显示以下图案。

```
**********
 ********
  ******
   ****
    **
```

2．编程实现显示以下图案。

```
#***#
*#*#*
**#**
*#*#*
#***#
```

3．用"*"输出字母 C 的图案。

项目 2 完成数据计算

2.1 项 目 要 求

(1) 掌握 C 语言数据类型 int、float、char。

(2) 掌握格式的输入函数 scanf 和输出函数 printf。

(3) 掌握算术运算符和赋值运算符。

2.2 项 目 描 述

本项目主要介绍如何用 C 语言实现数据的计算。例如，任意输入两个数据，求出平均值。程序运行结果如下：

> 本程序完成两个数求平均值。
>
> 请输入第一个数：**193↵**
>
> 请输入第二个数：**380↵**
>
> 193 与 380 的和是 573
>
> 193 与 380 的平均值是 286.5

框内用粗体字表示该位置需要从键盘上输入数字，并按 Enter 键，即将数据输入程序中进行计算。

下面举例来说明简单的两个数据的加法运算。

例 2-1 编程求出 193 + 380 = ?

```
1   /*=======================================
2   *程序名称：add2-1.c
3   *程序功能：完成两个数据193+380的计算，此为
4            第一个版本的程序
5   =======================================*/
6   #include <stdio.h>
7   #include <stdlib.h>
8
```

```
9    int main()
10   {
11       printf("193+380=573\n");
12
13       return 0;
14   }
15
```

上述程序借用了项目 1 的知识，显示出了正确的结果，但它并不是由计算机计算出来的，计算机只是进行了显示。计算机在进行数据的计算前首先要解决的问题就是"告诉"计算机需要处理的数据是什么。这就是下面将要讨论的计算机中的数据类型问题。

2.3　计算机中的数据类型

现实世界中的数据类型，在数学中，包含整数、小数、无理数、有理数、正数、负数等多种；而在计算机中，则把数据分为不带小数的整型数据和带小数的浮点型数据这两种类型。此外，计算机还需要处理大量非数值的数据，如字母、标点符号、汉字等，在 C 语言中，这些非数值类型的数据统统归结为字符数据。

所谓的整型数据，是指数学上所有不带小数点的数据，譬如 123、52、-63、0，等等。

浮点型数据也称为实型数据，包含了数学上所有带小数点的数据，如 2.5、3.1415926、-0.12、3.0，等等。

所有的非数值类型的数据都是字符数据，包括字母、标点符号及控制字符等。附录 B ASCII 码表中列举了常用的字符数据。字符数据在内存中存储了对应的 ASCII 码值，为了与变量名相区分，字符数据用单引号(')引起来，即 'a'、'5'、'\n' 等。

2.3.1　变量和常量

在计算机中，需要用变量来存放我们的数据和运算结果。变量是计算机中单独开辟的一个内存单元，可以用一个矩形框来表示。

我们需要操作变量，那么如何在程序中体现出对这个特定变量的运算呢？有时，我们需要大量的变量，于是在内存中开辟了很多类似的内存单元，那么如何区分这些内存单元呢？在 C 语言中采取对变量进行命名的方式来解决这些问题。

在 C 语言中，变量的命名规则如下：

(1) 变量名只能由字母、数字和下划线(_)构成。

(2) 第一个字符只能是字母或下划线(_)，不能是数字。

以下是合法的变量名：

sum　　　_total　　month　　Student_name　　lotus_1_2_3　　BASIC　　li_ling

以下是不合法的变量名：

M.D.John　　　￥123　　　3D64　　　a>b

另外，在命名变量时还要注意，尽量做到"见名知意"，即采用有意义的名字，以便于阅读程序。譬如，如果要存储一个总和，可以用名称 total；存储一个面积，可以用变量 area，而一个正方形的面积，则可以采用 SquareArea；存储月份的变量可以使用 month，年份用 year；存储学生的学号，可以用 StudentNumber 或者 StudentNum 等。

C 语言标识符区分大小写，大写字母和小写字母被认为是两个不同的标识符。例如 StudentNumber 和 Studentnumber 会被认为是两个不同的变量。

对于任何一个变量，我们需要知道它是什么样的数据类型，所以在定义一个变量的同时，必须指定它的数据类型。使用 int 来定义整型数据，使用 float 来定义浮点型数据，而字符数据用 char 来定义。

例如，我们要定义一个整型数据 n1，一个浮点型数据 n2，需要这样写：

　　int　 n1；

　　float　 n2；

这样就通知编译程序需要两个变量：一个变量名为 n1，是整型数据；另一个变量名为 n2，是浮点型数据。如此，编译程序就可以在内存中给这两个变量分配内存单元。

因为两个变量的类型不一样，所以用两种不同的图形来表示，即矩形表示一个整型数据，平行四边形表示一个浮点型数据。

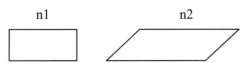

若想让变量存储某一个数据，则需要使用赋值语句。C 语言中的赋值语句形式如下：

　　变量=值；

如：

　　n1=1993；

　　n2=40.0；

当程序执行了这两条语句后，n1 和 n2 就有了自己的具体数值，用图形表示如下：

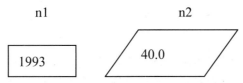

每个变量只能存放一个值，一旦对变量进行赋值，则该值将保存在变量中，直到该变量被赋予了新值。若将一个变量的数值赋予另外一个变量，则该变量的数值不会消失。如执行 n2=n1，仅仅改变了 n2 的数值，而 n1 的值并没有改变，用图形表示如下：

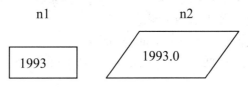

为变量赋予新值将会覆盖原来的值，如执行语句

　　　　n1=23；

将得到如下结果：

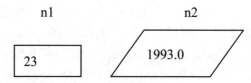

n1　　　　　　　　　　n2

23　　　　　　　　1993.0

与变量相对应的一个概念是"常量"。所谓常量，就是在程序运行过程中不会变化的量。整型常量即整数常数。C 语言支持三种形式的整型常量：

(1) 十进制整数。如 0、143、−2 等。

(2) 八进制整数。以 0 开头的数是八进制数，如 024 就是八进制数 24，即十进制数 20。

(3) 十六进制数。以 0x 开头的数是十六进制数，如 0x32ab 表示十六进制数 23ab。

注意： 0x 是数字 0 而不是字母 o。

浮点型常量也称为实数，有以下两种表示形式：

(1) 十进制小数。十进制小数由数字和小数点构成，如 0.23、3.0、4.76 等。

(2) 指数形式。在数学上如果数据比较大，就用科学计数法表示，如地球的质量是 5.98×10^{24} kg，在 C 语言中这个数据表示为 5.98E24 或 5.98e24。因为指数不能为小数，所以像 2e2.5 就是错误的表示形式。

字符常量是用单引号括起来的字符，如 'a'、'S'、'#'、'8' 等。所有的字符常量在内存中存储的就是其 ASCII 码值。

在 C 语言中，将组成字符串的字符用双引号括起来表示字符串常量，如 "Hello world"。双引号中的字符可以是字母、空格、标点符号等。字符串常量用双引号标注开始和结束的位置。

计算机中的数值跟数学上的数值有一定的差异，因为数学是纯粹的理论研究，各种数和数的运算都是抽象的，如计算 1/3 得到的数值是 0.333 333……(无限循环小数)。但是计算机却是采用工程的方法实现运算，得到的数值均是有限位数的。计算机采用存储单元来存储数据，每个数据都用固定的字节来存放，存放的数据有一个取值范围，不可能存放一个无限大的数，也不可能存放一个无限小的数。

2.3.2 整型数据

C 语言规定了三种整型数据类型，分别是短整型(short int)、基本整型(int)、长整型(long int)。但 C 语言没有规定存放这三种类型数据具体的字节数目，只要求 long 型数据长度不短于 int 型，short 型数据长度不长于 int 型，即

$$\text{sizeof(short)} \leqslant \text{sizeof(int)} \leqslant \text{sizeof(long)}$$

sizeof 是测量类型或者变量长度的运算符。不同的编译系统中，对于三种整型数据类型的字节数规定不同，可以使用如下语句来测试：

　　　　printf("%d %d %d ", sizeof(short), sizeof(int), sizeof(long));

在 32 位 Code::Blocks 中得到的结果为 2、4、4。从结果可以得知，在 32 位 Code::Blocks

中，short 型整数占 2 B，int 型数据占 4 B，long 型数据占 4B；而在 64 位的 Code::Blocks 中得到的结果为 2、4、8，说明在 64 位 Code::Blocks 中，short 型整数占 2 B，int 型数据占 4 B，long 型数据占 8 B。

在实际应用中，可能有些数据的范围只能是正数(如学号、年龄、库存等)，为了充分利用存储单元空间，可以把这些变量定义为无符号类型。即在类型符号前面加上 unsigned 修饰符，表示这个变量仅仅存储正数，而不存储负数。如果变量既要存储正数也要存储负数，则可以在前面增加 signed 修饰符，表示带符号数。它们进行组合后有 6 种整型数据类型：

带符号短整型　　　　　[signed] short　[int]

无符号短整型　　　　　unsigned　short　[int]

带符号基本整型　　　　[signed]　int

无符号基本整型　　　　unsigned　int

带符号长整型　　　　　[signed]　long　[int]

无符号长整型　　　　　unsigned　long　[int]

方括号表示中间的内容可以省略。例如，若我们定义 int a，则 a 是带符号基本整型。

带符号数的存储单元中最高位表示符号(0 表示正数，1 表示负数)，用补码保存数据，可以存放正数和负数。无符号数的存储单元全部二进制位都用来存储数据，没有符号位，只能用来存放正数，不能存放负数。表 2-1 列出了各种数据类型所占的字节数和数据范围。

表 2-1　整型数据类型和取值范围

类　　型		字节数	取　值　范　围
带符号短整型	short	2	−32 768～32 767
无符号短整型	unsigned short	2	0～65 535
带符号基本整型	int	4	−2 147 483 648～2 147 483 647
无符号基本整型	unsigned　int	4	0～4 294 967 295
带符号长整型	long	8	−9 223 372 036 854 775 808～9 223 372 036 854 775 807
无符号长整型	unsigned long	8	0～18 446 744 073 709 551 615

每种数据类型都是有取值范围的，注意在程序中变量的取值不能超出了其取值范围。

本书所写的程序中均使用 int 类型，该类型的取值范围为 −21 亿～+21 亿，足以应付大多数的情况。

如果整型常量以字母 u(或 U)结尾，则说明它是一个无符号数；如果在数值后加字符 l(或 L)，则说明它是一个 long 型数值；若在数值后加上 UL，则说明它是一个 unsigned long 型数值。

2.3.3　浮点型数据

C 语言中的浮点数(floating point number)就是平常所说的实数。浮点型数据用来表示带有小数点的实数，也称为实型数据。与整型数据的存储方式不同，浮点型数据是按照指数形式存储的。系统把一个浮点型数据分成小数部分和指数部分，分别存放。指数部分采用规范化的指数形式。例如：实数 3.141 59 在内存中的存放形式可以用图 2-1 来表示。

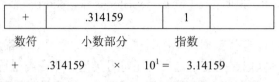

| + | .314159 | 1 | |

　　数符　　　　小数部分　　　　指数

　　+　　　.314159　　×　　10^1 ＝　　3.14159

图 2-1　浮点型数据内存存储方式

图 2-1 是用十进制数来表示的，实际上在计算机中是用二进制数来表示小数部分以及用 2 的幂次来表示指数部分的。C 语言标准并没有规定具体用多少位来表示小数部分，多少位来表示指数部分，而是由各个编译系统自行确定的。有的编译系统用 24 位表示小数部分(包括符号位)，用 8 位表示指数部分(包括指数的符号)，这样用 4 个字节(32 位)来表示一个浮点型数据。计算机把实数存储在一个有限的存储单元内，不可能得到完全精确的值，只能存储成有限的精确度。小数部分占的位数越多，数值的有效位数也就越多，精度也就越高；指数部分占的位数越多，则能表示的数值范围越大。

C 语言中，浮点数有 float(单精度浮点型)和 double(双精度浮点型)两类。每种类型占的字节数不一样，其有效数字以及能表示的数值范围也不一样，如表 2-2 所示。

表 2-2　浮点型数据和数值范围

类型	字节数	有效数字	数值范围(绝对值)
float	4	6～7	0 以及 1.2×10^{-38}～3.4×10^{38}
double	8	15～16	0 以及 2.3×10^{-308}～1.7×10^{308}

C 语言在进行浮点数的算术运算时，将 float 类型的数据都自动转换为 double 类型的数据，然后再进行计算，以取得最大的精确度，计算完毕，再次转换为 float 类型的数据输出或者处理。

用有限的存储单元存储一个实数，不可能完全精确地进行存储，例如 float 类型数据能存储的最小正数为 1.2×10^{-38}，不能存放一个绝对值小于此值的数，如 10^{-40}。float 类型数据能存储的范围见图 2-2。

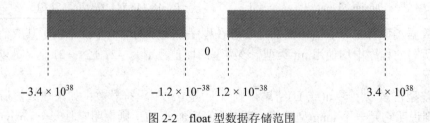

　　　　　　　　　　　　　　　　0

-3.4×10^{38}　　　　-1.2×10^{-38}　1.2×10^{-38}　　　　3.4×10^{38}

图 2-2　float 型数据存储范围

float 类型的数据范围分成了三部分：-3.4×10^{38} ～-1.2×10^{-38}，0，1.2×10^{-38}～3.4×10^{38}。

2.3.4　字符型数据

所有的非数值类型的数据都是字符数据，包括字母、标点符号及控制字符等。在附录 B ASCII 码表中列举了常用的字符数据。字符数据在内存中存储了其对应的 ASCII 码值，占一个字节，为了与变量名相区分，字符数据用单引号(')引起来，如 'a'、'5' 等。

　　字符变量是存放字符常量的变量，其取值是字符常量，即单个字符。字符变量的类型说明符是 char。

　　定义形式如下：

　　　　char　　标识符 1, 标识符 2, …, 标识符 n;

　　例如：

　　　　char　　c1,　　c2,　　　c3,　　ch ;

　　　　c1 = 'a';　c2 = 'b';　c3 = 'c' ;　ch = 'd'　;

　　说明：

　　(1) 字符变量在内存中占一个字节。

　　(2) 在内存中存储字符数据时，把字符对应的 ASCII 码值放到存储单元中。

　　(3) 字符型数据与整型数据之间可以通用。

　　每个字符变量被分配一个字节的内存空间，因此只能存放一个字符。字符值是以 ASCII 码的形式存放在变量的内存单元之中的。如字符 'x' 的十进制 ASCII 码是 120，字符 'y' 的十进制 ASCII 码是 121。对字符变量 a、b 赋予 'x' 和 'y' 值：“a='x'; b='y'”，实际上是在 a、b 两个单元内存放 120 和 121 的二进制代码，用图形表示如下：

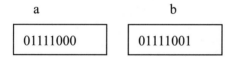

　　所以也可以把 a、b 看作整型变量。C 语言允许对整型变量赋予字符值，也允许对字符变量赋整型值。在输出时，允许把字符变量按整型量输出，也允许把整型量按字符量输出。整型量为二字节量，字符量为单字节量，当整型量按字符量处理时，只有低字节参与处理。

　　例如，式子 5 + 3 的值为 8，而式子 '5' + 3 得到的结果是 56，因为 '5' 存储的是 ASCII 码值 53，所以相当于是 53 + 3，结果是 56，即字符 '8'。

　　字符数据的这个特点有一些很特别的应用，如字母的大小写转换就可以通过加或者减 32 来实现。下面的程序完成了将键盘上输入的一个大写字母转换为小写字母。

　　例 2-2　将键盘输入的大写字母转换为小写字母。

```
1    #include<stdio.h>
2    int main()
3    {
4        char c,ch;
5        printf("请输入一个大写字母：");
6        scanf("%c",&ch);
7        c=ch+32;
8        printf("小写字母是%c\n",c);
9        return 0;
10   }
11
```

程序运行的结果如下：

```
请输入一个大写字母：A←
小写字母是 a
```

例 2-2 中，ch 输入了一个大写字母 'A'，计算 c = ch + 32；后，c 的数值是 97，而 97 正是字母 'a' 的 ACSII 码值，所以当用字符形式(%c 格式)输出时，就是字母'a'。

若把 ASCII 码值减去 32，则可以把小写字母转换为大写字母。

【练习2-1】 把键盘输入的小写字母转换为大写字母，将程序补充完整。

```
1    #include<stdio.h>
2    int main()
3    {
4        char c,ch;
5        printf("请输入一个小写字母：");
6        scanf("%c", &ch);
7        _____;
8        printf("大写字母是%c\n", c);
9        return 0;
10   }
11
```

在项目 7 中，我们还将深入讨论字符和字符串的问题。

2.4 算术运算符和赋值运算符

2.4.1 算术运算符和算术表达式

在 C 语言中，运算符的种类很多，下面列出了 C 语言的所有运算符。

(1) 算术运算符：+、−、*、/、%。

(2) 关系运算符：>、<、==、>=、<=、!=。

(3) 逻辑运算符：!、& &、||。

(4) 位运算符：<<、>>、~ 、|、∧、&。

(5) 赋值运算符：=及其扩展赋值运算符。

(6) 条件运算符：?:。

(7) 逗号运算符：, 。

(8) 指针运算符：＊ 和 ＆ 。

(9) 求字节数运算符：sizeof 。

(10) 强制类型转换运算符：(类型) 。

(11) 分量运算符： . —> 。

(12) 下标运算符：[ ] 。

(13) 其他：如函数调用运算符() 。

对于这些运算符，我们会在以后的项目中逐步学习，现在可以不用过多地去追究它们的含义。

首先讨论算术运算符，算术运算符有如下几种：

+：加法运算符或正值运算符。如：3+5、+3 。

－：减法运算符或负值运算符。如：5－2、－3 。

＊：乘法运算符。如：3*5 。

／：除法运算符。如：5/3 。

%：模运算符或求余运算符。%两侧均应为正整数，如：7%4 的值为 3 。

这些运算符跟数学上的使用基本上一致，需要注意的是除法运算符(/)，当参与运算的两个数据都是整型数据时，得到的结果也是整型数据。例如 7/2，数学上计算的结果是 3.5，但是在 C 语言中，所有的小数部分都将被舍弃，只保留整数部分 3 。

对于求余运算符%，必须保证两个操作数都为正整数，若两个或其中一个操作数为负数，得到的结果就会因为编译工具的不同而不同。当我们将程序放到另外一台机器上运行时，结果将无法预知，为了确保程序在所有的机器上都能以相同的方式运行，应避免%运算符的操作数为负数。

此外，利用整数相除结果为整数，求余运算符操作数都是正整数的特点，可以对多位数进行拆分。

例 2-3　把一个三位数的每一位单独输出。

1	#include <stdio.h>
2	#include <stdlib.h>
3	
4	int main()
5	{
6	int n;
7	int bai,shi,ge;
8	n=356;
9	bai=n/100%10;
10	shi=n/10%10;
11	ge=n%10;
12	printf("百位数是%d\n",bai);
13	printf("十位数是%d\n",shi);
14	printf("个位数是%d\n",ge);

| 15 | 　　return 0; |
| 16 | } |

程序运行的结果如下：

> 百位数是 3
> 十位数是 5
> 个位数是 6

【练习 2-2】 把一个四位数的每一位单独输出。在横线上填写合适的表达式。

1	int main()
2	{
3	int n;
4	int qian,bai,shi,ge;
5	n=4538;
6	qian=_____;
7	bai=_____;
8	shi=_____;
9	ge=_____;
10	printf("千位数是%d\n",qian);
11	printf("百位数是%d\n",bai);
12	printf("十位数是%d\n",shi);
13	printf("个位数是%d\n",ge);
14	return 0;
15	}

程序运行的结果如下：

> 千位数是 4
> 百位数是 5
> 十位数是 3
> 个位数是 8

用一个运算符和括号将运算对象(也称操作数)连接起来，符合 C 语法规则的式子称为表达式。运算对象包括常量、变量、函数等。如果把运算对象用算术运算符连接起来，就构成了算术表达式。

若定义变量

　　int a, b;

则式子

　　　　a + b/24 −2.6

就是一个算术表达式。

2.4.2　赋值运算符和赋值表达式

　　一个变量只有赋值后才能正确使用，否则其数值是不确定的。完成赋值运算的符号"="称为赋值运算符。它的含义是把右边的数值赋给左边的变量。2.3 节中我们定义了两个变量 n1、n2，并且对这两个变量进行了简单的赋值操作，接下来详细介绍赋值运算符和赋值表达式。

　　由赋值运算符将一个变量和一个表达式连接起来的式子称为赋值表达式，其一般形式如下：

　　　　变量=表达式

　　赋值表达式的作用就是将一个表达式的值赋给一个变量，所以赋值表达式具有计算和赋值两重功能。如 a=2+6，会首先计算出 2+6 的数值 8，然后把 8 送入 a 所在的内存单元，我们就说 a 的数值是 8。

　　赋值运算符的左边是一个可以改变数值的变量，称为"左值"(left value)，左值必须是能够进行改变的变量，常量和表达式是不能作左值的。如式子 a+b=3 就是错误的，同样地，也不能写 3+2=5 这样的式子。

　　与左值相对应的，可以出现在赋值运算符右边的表达式称为右值(right value)，几乎所有的变量、常量和表达式都可以作右值。

　　赋值运算符代表了一个动作，即把右值的数据送入左边的变量所在的内存单元，所以左值必须是变量。

2.4.3　优先级和结合性

　　在 C 语言中，不同运算符的先后顺序称为运算符的优先级。

　　对于算术表达式来说，其规则如下：首先执行符号运算符，接下来执行乘法运算符(*、/、%)，最后执行加法运算符(+、−)。

　　若有式子

　　　　2 * 6 + 24 / 4 −5

则首先会执行乘、除法运算，然后再进行加、减法运算。C 语言中算术运算符的运算顺序与传统的数学上的运算顺序是一致的。

　　若两个运算符是相同的优先级，那么是从左边开始运算还是从右边开始运算称为结合性。首先计算左边的运算符称为左结合性，首先计算右边的运算符则称为右结合性。

　　算术运算符是左结合性，当有运算 2+3−8 时，会从左到右顺序计算，首先计算"+"运算符，然后再计算"−"运算符。

　　赋值运算符是右结合性，如式子 a=b=c=34；在计算时，从右边的"="开始计算，首先计算 c=34，然后再计算 b=c，最后才是 a=b。

　　C 语言中所有运算符的优先级和结合性参见附录 C。

2.5　任意两个数相加

若要在程序运行过程中输入数据进行计算，需要用到输入函数，这时可以使用格式化输入函数 scanf 从键盘输入数据参与计算。

2.5.1　格式化输入(scanf)

scanf 函数是一个标准库函数，它的函数原型在头文件"stdio.h"中，要使用 scanf 函数，必须在程序开头写 #include <stdio.h>，把头文件"stdio.h"包含进来。

scanf 函数的一般形式为

　　　scanf("格式控制字符串", 地址表列);

如语句"scanf("%d", &a);"表示需要从键盘上输入一个十进制整数值，再将这个值赋给变量 a。

scanf 的格式控制字符如表 2-3 所示。

表 2-3　scanf 的格式控制字符

格　式	字　符　意　义
d	输入十进制整数
o	输入八进制整数
x	输入十六进制整数
u	输入无符号十进制整数
f 或 e	输入实型数(用小数形式或指数形式)
c	输入单个字符
s	输入字符串

另外，若需要输入长整型数据，则使用格式"%ld"(字母 l)；若需要输入 double 型数据，则使用格式"%lf"(字母 l)。

scanf 函数的使用非常灵活，可以一次性输入多个变量值，也可以在格式控制中插入其他的字符。下面的例子仅仅用来说明，不建议在程序中使用这些样式。

(1) 若有程序段

　　　int a, b, c;

　　　scanf("%d%d%d", &a, &b, &c);

则从键盘上输入三个数据时，用空格或者 Enter 键间隔都可以，如：

　　　12　23　45 [Enter]

或者

　　　12 [Enter] 34 [Enter]45

这两种方式都可以把 12 赋值给 a，23 赋值给 b，45 赋值给 c。

(2) 若在格式控制中加入其他的字符，如：

```
int a, b, c;
scanf("%d, %d, %d", &a, &b, &c);
```

则从键盘上输入数据时，三个数据中间必须用逗号隔开，即

12, 23, 45 [Enter]

(3) 若有程序段

```
int a, b, c;
scanf("a=%d, b=%d   c=%d", &a, &b, &c);
```

则从键盘上输入数据时，只能输入

a=12, b=23   c=45 [Enter]

在%d 中间的符号必须原样输入，否则都会出错。

以上三种情况仅仅是作为例子来了解 scanf 的功能，在程序中则不能使用，因为稍有疏忽就会出错，像(2)和(3)这两种情况，不允许出现任何输入错误。在使用 scanf 函数时，建议读者采用 2.5.2 节中程序 add2-3.c 中的方式，在 scanf 函数前还有文字说明，每个 scanf 函数都只接收一个变量的值。

2.5.2 从键盘上输入变量的值

例 2-4   计算任意两个数的和。

```
1    /*========================================
2    *程序名称：add2-3.c
3    *程序功能：完成键盘上输入的两个数据加法的计算。
4    =========================================*/
5    #include <stdio.h>
6    #include <stdlib.h>
7
8    int main()
9    {
10       int n1,n2,total;
11       printf("本程序完成两个数据求和运算。\n");
12       printf("请输入第一个数：");
13       scanf("%d",&n1);
14       printf("请输入第二个数：");
15       scanf("%d",&n2);
16
17       total=n1+n2;
18
19       printf("%d+%d=%d\n",n1,n2,total);
20       return 0;
21   }
```

程序运行结果如下：

> 本程序完成两个数据求和运算。
> 请输入第一个数：**2001**↵
> 请输入第二个数：**20**↵
> 2001+20=2021

这里用粗体字表示从键盘上输入的数字，即在程序运行时，粗体字是我们输入的数字，而不是本来就显示的数字。↵ 表示我们按下了 Enter 键，在程序运行过程中，Enter 键并不显示出来，这里仅仅是为了表明用户输入的动作而写的一个符号。

第一行语句"int n1, n2, total;"定义了三个变量，其中 n1 和 n2 存储我们将要进行加法运算的两个数据，total 则用来保存这两个数据的和。

语句"printf("本程序完成两个数据求和运算。\n");"仅仅是为了显示一句话，对程序的功能做了一个说明。显示完信息后，光标移动到下一行。

> 本程序完成两个数据求和运算。
> |

"printf("请输入第一个数：");"是一个提示性的话语，显示完信息后，光标在本行闪烁，不移动到下一行。

> 本程序完成两个数据求和运算。
> 请输入第一个数：|

"scanf("%d", &n1);"实现了 n1 数值的输入。当此语句执行时，程序会等待我们输入数据，当输入数据并按回车键后，该数据就被送入到了 n1 中。

> 本程序完成两个数据求和运算。
> 请输入第一个数：**2001**↵

scanf 函数跟 printf 函数一样，是一个系统给定的函数，不同之处在于 scanf 函数实现了数据的输入，而 printf 函数实现了数据的输出。scanf 语句中的"%d"也是格式控制，表示将要输入一个整型数据。scanf 的格式控制与 printf 函数一致，%f 是浮点型数据，而%c 是字符型数据。&n1 表明了键盘上的数据是送入 n1 的，其中&符号是一个取地址的符号，表示取出变量 n1 的地址。

```
printf("请输入第二个数：");
scanf("%d", &n2);
```

这两条语句实现了数据 n2 的输入。

> 本程序完成两个数据求和运算。
>
> 请输入第一个数：**2001**↵
>
> 请输入第二个数：**20**↵

"total=n1+n2;"则实现了两个数据相加并把结果送入 total 变量。这一语句完成了加法的计算。

"printf("%d+%d=%d\n", n1, n2, total);"用于输出计算结果。在这个语句中，有三个格式控制"%d"，在这三个位置分别需要输出一个变量的数值，而对应的变量则是 n1、n2、total，它们的关系是一一对应的。

> 本程序完成两个数据求和运算。
>
> 请输入第一个数：**2001**↵
>
> 请输入第二个数：**20**↵
>
> 2001+20=2021

在使用 printf 函数时，程序的编写者必须保证格式控制和变量个数的一一对应，C 语言不对其对应关系做任何的检查，如果格式控制的个数和变量的个数不一致，则会出现不可预知的错误。若把语句修改为"printf("%d+%d=%d\n", total, n1, n2);"，则输出会是 2021 + 2001 = 20。

以上是逐条语句的分析，这样的分析可以让我们详细理解程序的运行过程，这种分析方法称为归约。当要查找出程序不能正常运行的逻辑错误时，我们常常需要逐句地检查程序，但这不是检查程序的唯一方法，有时候还需要从整体上来查看程序，这样更加有效。

归约论是一种哲学方法，它认为只有理解一个事物的每个组成部分才能更好地理解该事物，而整体论则相反，它认为整体并非每一部分的简单叠加。我们在编写程序的时候，最好能够交替使用两种视角，整体论有助于从整体上把握程序的作用，使程序员能够从更高的层面上研究程序，对程序的设计过程更加敏锐；而在实际编写程序时，则需要适当地采取归约方法，使得程序各个组成部分结合在一起能够工作。

上面我们使用归约法分析了整个程序，接下来用整体论来继续分析程序。

整个程序可以分为三个阶段：数据输入阶段、计算阶段和输出阶段。

(1) 数据输入阶段。

```
printf("请输入第一个数：");
scanf("%d", &n1);
printf("请输入第二个数：");
scanf("%d", &n2);
```

这 4 条语句构成了数据输入阶段，完成了数据的输入。

(2) 计算阶段。

```
total=n1+n2;
```

本程序的计算阶段比较简单，只有一条语句。其他程序的计算过程可能会比较复杂。

(3) 输出阶段。

```
printf("%d+%d=%d\n", n1, n2, total);
```

输出阶段用来完成计算结果的显示。

有了这样的理解，我们就可以对程序进行扩展，完成更加复杂的计算。

【练习 2-3】 从键盘输入 3 个数，求其总和。请将程序补充完整。

1	#include <stdio.h>
2	#include <stdlib.h>
3	
4	int main()
5	{
6	int n1, n2, n3, total;
7	printf("本程序完成 3 个数据求和运算。\n");
8	_____ ;
9	_____ ;
10	_____ ;
11	_____ ;
12	_____ ;
13	_____ ;
14	total=_____ ;
15	printf("%d+%d+%d=%d\n", n1, n2, n3, total);
16	return 0;
17	}
18	

思考：若要从键盘输入 5 个数，求其总和，应该怎么写程序。

2.6 求 平 均 值

2.5 节介绍了从键盘上输入数据的方法和 scanf 函数的使用，并计算出了两个数的和，接下来求平均值。

如果假设一个变量 average 用来保存平均值，因为 average 可能是一个小数，我们定义 average 为实型数据，即做如下定义：

　　　　float average;

然后在求出 2 个数据的和 total 后，使用式子

　　　　average=total/2;

求出平均值 average，即可以得到如下的程序。

例 2-5　求两个数的平均值。

```
1    /*================================================
2    *程序名称：average2-1.c
3    *程序功能：完成两个数据的求平均。这是一个错误的版本。
4    ================================================*/
5    #include <stdio.h>
6
7    int main()
8    {
9
10       printf("本程序完成两个数据求和运算。\n");
11       printf("请输入第一个数：");
12       scanf("%d", &n1);
13       printf("请输入第二个数：");
14       scanf("%d", &n2);
15
16       total=n1+n2;
17       average=total/2;
18       printf("%d 与%d 的和是%d\n", n1, n2, total);
19       printf("其平均值是:%f\n", average);
20       return 0;
21    }
22
```

这个程序的运行结果如下：

```
本程序完成两个数据求平均值。
请输入第一个数：193↵
请输入第二个数：380↵
193 与 380 的和是 573
其平均值是 286.000000
```

可见，求总和的结果是正确的，但是平均值却是错误的，平均值应该是 286.5，而程序

运行的结果却是 286.000000。这里有两个错误：① 如果不考虑小数点后无意义的 0，程序只得到了结果的整数部分 286，而小数 0.5 被忽略掉了；② 得到的数据 0 太多，通常精确到小数点后两位就足够了。第一个问题涉及数值类型的转换，而第二个问题则需要我们深入了解 printf 的输出机制。

2.6.1　数值类型转换

数据类型转换分为两种：一种是系统自动转换，另一种是强制类型转换。

C 语言的语法允许不同的数据类型之间进行运算。当不同的数据类型参与运算时，在运算之前需要转换为相同的数据类型。转换的规则是　char→int→double。也就是说，当一个 int 类型和一个 double 类型的数据进行运算的时候，首先把 int 类型转换为 double 类型，然后再进行运算，得到的结果就是 double 类型。这个自动转换是隐含在计算过程中的，如果不加以注意会出现一些意想不到的错误。

如 2+1.3，则在执行加法之前，首先将 2 转换为 double 类型 2.0，然后再与 1.3 相加，得到的结果是 double 类型的 3.3。

在 C 语言中，当进行赋值时也会进行自动类型转换，如声明 total 为 double 类型，而如下赋值语句：

　　　　total=0;

则会首先将整型的数据 0 转换为 0.0，然后再进行赋值。

将一个 double 类型的数据赋值给一个整型数据时也会进行类型的转换，如声明变量 num 为 int 类型，若有如下赋值语句：

　　　　num=2.78999;

则得到的结果是 num=2，直接把小数部分丢弃掉，这称为截尾。

截尾是应该注意的一个问题，在某些情况下会给我们带来困惑。在例 2-5 中，式子 average=total/2 进行运算时，total 是整型数据，2 也是整型数据，那么式子 total/2 得到的结果也必然是整型数据 286，而把小数部分丢弃了，再把 286 赋值给 average，自然只能得到 286.0，而不是 286.5。

要解决这个问题，有两种方法：一种方法是把 2 写成 2.0，即修改语句为 "average = total/2.0"，这样计算机在进行除法运算时会首先把 total 的数值转换为 double 类型的 573.0，然后再除以 2.0，因为进行运算的都是 doubel 类型的数据，则得到的结果就是 286.5。这样进行赋值运算时 average 就能够得到正确的结果 286.5 了。

另一种方法是采用 C 语言的强制类型转换。强制类型转换可以把一个表达式转换为所需要的类型。其一般形式为

　　　　(类型名)(表达式)

如果把语句修改为 "average=(double)total/2"，则在进行计算时，因为强制类型转换运算符的优先级高于除法，所以先进行强制类型转换，total 转换为 double 类型，然后再跟 2 相除，就可以得到正确的结果 286.5 了。

注意，强制类型转换仅仅是本次运算中数据类型临时的转换，而不改变数据原先的类型。即 total 仅仅是在式子 "average=(double)total/2" 中临时转换为 double 类型使用，而其

本身依然是 int 类型。

2.6.2　格式化输出

printf 函数的作用是向终端(或系统隐含指定的输出设备)输出若干个任意类型的数据。调用 printf 函数的一般格式为

　　　　printf("格式控制"，输出表列);

对于 printf，最简洁的形式就是如项目 1 中，只有格式控制，而无输出表列。

　　　　printf("Hello MOTO!\n");

就是一个最简单的 printf 的格式控制形式。在双引号(" ")中间的内容都会输出显示，但是在遇到格式控制字符(如"%d")的时候会做特殊处理。在格式控制字符(如"%d")的位置会用一个数值来代替，而此数值则需要参数输出表列来提供。格式控制中可以有多个%d，同时输出表列也可以有多个数据。如例 2-4 中，输出语句:

　　　　printf("%d+%d=%d\n", n1, n2, total);

在计算机执行此语句时，会输出格式控制的内容，首先"%d"会被替换为 n1 的数值 2001，然后输出"+"，接下来第二个"%d"会被替换为 n2 的数值 20，"="会被原样输出，最后一个"%d"则会被替换为 total 的数值 2021，最后的"\n"则是一个转义字符，起到换行作用，使光标移动到下一行。于是在屏幕上看到如下结果:

```
2001+20=2021
|
```

注意，格式控制中的"%d"与输出表列的变量是一一对应的，需要程序员来保证其对应关系以及数据类型的一致性，若数据类型不一致，则会得到不想要的结果。

除了%d 外，printf 还提供了一些其他的格式控制。

(1) d 格式符:用来输出十进制整数，有以下几种用法:

① %d:按整型数据的实际长度输出。

② %md:m 为指定的输出字段的宽度。如果数据的位数小于 m，则左端补以空格;若大于 m，则按实际位数输出。如果需要右端补空格，则使用%-md 格式。

③ %ld(小写字母 l):输出长整型数值。

(2) f 格式符:用来输出实数(包括单、双精度)，以小数形式输出，有以下几种用法:

① %f:不指定字段宽度，由系统自动指定，使整数部分全部输出，并输出 6 位小数。应当注意，并非全部数字都是有效数字，单精度实数的有效位数一般为 7 位。

② %m.nf:指定输出的数据共占 m 列，其中有 n 位小数。如果数值长度小于 m，则左端补空格。

③ %-m.nf 与%m.nf:用法基本相同，只是使输出的数值向左端靠，右端补空格。

④ %lf(小写字母 l):输出 double 类型的数据。

(3) e 格式符:以指数形式输出实数，可用以下形式:

① %e:不指定输出数据所占的宽度和数字部分的小数位数，有的 C 编译系统自动指定给出 6 位小数，指数部分占 5 位(如 e+002)，其中"e"占 1 位，指数符号占 1 位，指数

占 3 位。数值按规范化指数形式输出(即小数点前必须有而且只有 1 位非零数字)。

② %m.ne 和%−m.ne：m、n 和 "−" 字符含义与前相同。此处 n 指拟输出数据的小数部分(又称尾数)的小数位数。

(4) g 格式符：用来输出实数，它根据数值的大小，自动选 f 格式或 e 格式(选择输出时占宽度较小的一种)，且不输出无意义的零。

(5) 如果想输出字符 "%"，则应在 "格式控制" 字符串中用连续两个%表示。

(6) c 格式符：用来输出一个字符。

(7) s 格式符：用来输出一个字符串，有以下几种用法：

① %s。例如：printf("%s", "china")，输出 "china" 字符串(不包括双引号)。

② %ms：输出的字符串占 m 列，如字符串本身长度大于 m，则突破 m 的限制，将字符串全部输出；若串长小于 m，则左端补空格。

③ %−ms：如果串长小于 m，则在 m 列范围内，字符串向左端靠，右端补空格。

④ %m. ns：输出占 m 列，但只取字符串中左端 n 个字符。这 n 个字符在 m 列的右端输出，左端补空格。

⑤ %−m. ns：其中 m、n 的含义同上，n 个字符在 m 列范围的左端输出，右端补空格。如果 n>m，则 m 自动取 n 值，即保证 n 个字符正常输出。

(8) %u：用来输出无符号数据。

例 2-5 的程序有两个问题：平均值只有整数部分，输出的小数点后无意义的 0 太多。我们对程序做如下修改：

例 2-6　比较完美的求平均值程序。

```
1    /*================================================
2    *程序名称：average2-2.c
3    *程序功能：完成两个数据求平均值。这是比较完美的版本。
4    ================================================*/
5    #include <stdio.h>
6
7    int main()
8    {
9        int total,n1,n2;
10       float   average;
11
12       printf("本程序完成两个数据求和运算。\n");
13       printf("请输入第一个数：");
14       scanf("%d", &n1);
15       printf("请输入第二个数：");
16       scanf("%d", &n2);
17
18       total=n1+n2;
```

19	average=total/2.0;
20	printf("%d 与%d 的和是%d\n", n1, n2, total);
21	printf("其平均值是:%g\n", average);
22	return 0;
23	}
24	

这个程序的运行结果如下：

本程序完成两个数据求平均值。

请输入第一个数：**193**↵

请输入第二个数：**380**↵

193 与 380 的和是 573

其平均值是 286.5

到这里，程序终于比较完美了。

【练习 2-4】 输入两个浮点数，计算乘积。将程序补充完整。

两个实型数据相乘，先用 scanf 函数输入两个浮点型数据的值，然后进行乘法运算。程序代码如下：

1	#include <stdio.h>
2	#include <stdlib.h>
3	
4	int main()
5	{
6	float firstNumber, secondNumber, product;
7	printf("本程序完成两个浮点数相乘\n");
8	printf("输入第一个浮点数: ");
9	_____;
10	printf("输入第二个浮点数: ");
11	_____;
12	
13	// 两个浮点数相乘
14	_____;
15	printf("结果 = %.2f", product);
16	return 0;
17	}
18	

现代计算机大部分时间处理的不是纯粹的数值计算，而是非数值类型的运算，但是因为数值计算类型的问题解决方法比较直接、单一，对于我们学习编程思想非常有帮助，所以在本书中，大部分都是数值计算类的程序。

2.7　总　　结

我们在研究数学题目时，会找一张草稿纸来演算，求解出答案后才正式把步骤以及结果写出来。在计算机中，用内存单元来存储中间结果，每个变量名对应了一块内存区域，程序员使用变量名来操作内存单元，在程序中对变量的各种运算，都对应了对计算机内存单元的一些操作。

变量名是 C 语言标识符的一种，标识符只能由字母、数字和下划线(_)构成，并且第一个字符只能是字母或者是下划线(　)，不能是数字。在给变量命名时，应做到“见名知义”，可以使用多个单词的组合，单词首字母大写或者用下划线(_)间隔。

三种基本的数据类型是整型、浮点型和字符型。整型数据保存整数，浮点型数据保存带小数点的实数，字符型数据则保存没有大小含义的各种字符和控制字符。

C 语言规定了三种整型数据类型，分别是短整型(short int)、基本整型(int)、长整型(long int)。这三种数据类型分别用不同的字节数来存放，C 语言没有规定各种类型数据具体的字节数目，只要求 long 型数据长度不短于 int 型，short 型数据不长于 int 型。在 Code::Blocks 中，short 型数据占 2 B，int 型数据占 4 B，long 型数据占 8 B。在实际应用中，可能有些数据的范围只能是正数(如学号、年龄、库存等)，为了充分利用存储单元空间，可以把这些变量定义为无符号类型，可以在类型符号前面加上 unsigned 修饰符，表示这个变量仅仅存储正整数，而不保存负数。如果变量既要存储正数也要存储负数，则可以在变量前增加 signed 修饰符，表示带符号数。

把整型数据类型(short、int、long)分别用修饰符 signed 和 unsigned 修饰，可以得到 6 种组合类型，每种类型都有有效范围。特别需要注意的是 short 型数据有 2 个字节，signed short 类型的数据取值范围是 −32 768～32 767，unsigned short 型数据的取值范围为 0～65 535。在进行数学运算时，有些数据会超过这个范围，这会导致数据出错。至于 int 和 long 型数据，最小的有效范围也可以达到 21 亿，一般情况下不需要过多考虑，只有在计算特大数值的时候才关注有效范围问题。

浮点型数据用来表示带有小数点的实数，也称为实型数据。与整型数据的存储方式不同，浮点型数据是按照指数形式存储的。系统把一个浮点型数据分成小数部分和指数部分分别存放。指数部分采用规范化的指数形式。C 语言中，浮点数有 float(单精度浮点型)和 double(双精度浮点型)两类。每种类型占的字节数不一样，有效数字以及能表示的数值范围也不一样。float 类型的数据用 4 B 保存，可以有 6 位有效数字；而 double 类型的数据用 8 B 保存，可以有 15 位有效数字。

所有的非数值类型的数据都是字符数据，包括字母、标点符号及控制字符等。字符数据用单引号(')包括，如 'a'、'5' 等。每个字符数据一个字节的内存空间，字符值是以 ASCII 码的形式存放在内存单元之中的。字符型数据可以与其他数据一起参与运算，运算时，会用其对应的 ASCII 码值来参与。字符型变量用 char 定义。

　　令变量存储某一个数值，需要使用赋值运算符("="）。赋值运算符代表了一个操作，把运算符右边的数值放到左边变量对应的内存单元中，所以赋值运算符的左侧一定是一个变量，而不能是一个常量或者表达式。

　　算术运算符包括 +、−、*、/、%，其含义及运算规则与数学上的一致。需要注意除法运算符，当参与运算的两个数据都是整型数据时，得到的结果也是整型数据。求余运算符(%)则要求两个数据均是正整数。算术运算符进行混合运算时，首先执行乘除法运算符(*、/、%)，然后执行加减法运算符(+、−)，若优先级相同，则从左到右进行运算。

　　数据类型转换分为两种，一种是系统自动转换，另一种是强制类型转换。在不同类型的数值进行运算、赋值、输入和输出、函数的参数传递等情况下都会进行自动数值类型转换。强制类型转换则是把一个表达式转换为所需要的类型。强制类型转换仅仅是本次运算中数据类型临时的转换，而不改变数据原先的类型。

　　C 语言的输入和输出使用函数来实现，printf 函数实现输出，而 scanf 函数实现从键盘上输入变量的值。这两个函数都使用了控制格式。scanf 函数和 printf 函数在程序中的使用频率非常高，需要多上机实践，才能正确地实现想要的效果。

　　本项目是一个重要的章节，所讲述的内容都是 C 语言中比较基础的知识。关于数据类型、运算符、输入/输出函数的使用等均是编程语言中比较重要的内容。本项目中介绍的语法知识也非常多，其中大部分知识点在随后的其他项目中都会涉及。

2.8　习　　题

一、选择题

1. 设有以下程序：

```
1  #include <stdio.h>
2  int main()
3  {
4      int x=011;
5      printf("%d", x);
6      return 0;
7  }
8
```

程序运行后的输出结果是(　　)。
　　A. 12　　　　　B. 11　　　　　C. 10　　　　　D. 9

2. 设有以下程序：

```
1  #include <stdio.h>
2  int main()
3  {
```

```
4        int a=1,b=0;
5        printf("%d,", b=a+b);
6        printf("%d\n", a=2*b);
7        return 0;
8    }
9
```

程序运行后的输出结果是( )。

  A．0,0   B．1,0   C．3,2   D．1,2

3．设有以下程序：

```
1    #include <stdio.h>
2    int main()
3    {
4        char c1, c2;
5        c1='A'+'8'-'4';
6        c2='A'+'8'-'5';
7        printf("%c, %d\n", c1, c2);
8        return 0;
9    }
```

已知字母 A 的 ASCII 码值为 65，程序运行后的输出结果是( )。

  A．E, 68   B．D, 69   C．E, D   D．输出无定值

4．现有格式输入语句："scanf("x=%d, sum y=%d, line z=%d", &x, &y, &z);"，已知在输入数据后，x、y、z 的值分别是 12、34、45，则下列选项中，正确的输入格式是( )。

  A．12, 34, 45 <Enter>   B．x=12, y=34, z=45<Enter>

  C．x=12, sum y=34, z=45<Enter>   D．x=12, sum y=34, line z=45<Enter>

5．设有以下程序：

```
1    #include <stdio.h>
2    int main()
3    {
4        char c1, c2, c3, c4, c5, c6;
5        scanf("%c%c%c%c", &c1, &c2, &c3, &c4);
6        c5=getchar(); c6=getchar();
7        putchar(c1); putchar(c2);
8        printf("%c%c\n", c5, c6);
9        return 0;
10   }
11
```

程序运行后，若从键盘输入(从第 1 列开始)：

  123<Enter>

　　　45678\<Enter>

则输出结果是(　　)。

　　A．1267　　　　　B．1256　　　　　C．1278　　　　　D．1245

二、填空题

1．有以下程序(说明：字符 0 的 ASCII 码值为 48)：

```
1    #include <stdio.h>
2    int main()
3    {
4        char c1, c2;
5        scanf("%d", &c1);
6        c2=c1+9;
7        printf("%c%c", c1, c2);
8        return 0;
9    }
10
```

若程序运行时从键盘输入 48\<Enter>，则输出结果为＿＿＿＿＿＿。

2．运行以下程序后的输出结果是＿＿＿＿＿＿。

```
1    #include <stdio.h>
2    int main()
3    {
4        int a=200, b=010;
5        printf("%d%d", a, b);
6        return 0;
7    }
8
```

3．有以下程序：

```
1    #include <stdio.h>
2    int main()
3    {
4        int x,y;
5        scanf("%2d%1d", &x, &y);
6        printf("%d\n", x+y);
7        return 0;
8    }
9
```

若程序运行时从键盘输入 1234567\<Enter>，则输出结果为＿＿＿＿＿＿。

4．若整型变量 a 和 b 的值分别为 7 和 9，要求按以下格式输出 a 和 b 的值：

　　　　a=7

　　　　b=9

请完成输出语句：

　　　　printf("＿＿＿＿＿＿＿", a, b);

三、编程题

1. 编写一个程序实现摄氏温度和华氏温度的转换。要求输出如下：

本程序完成华氏温度和摄氏温度转换。

请输入华氏温度：**89**↵

转换的结果为：

89.00 华氏温度等于 31.67 摄氏温度

2. 完成英尺、英寸和厘米的转换。要求输出如下：

本程序把英尺和英寸转换为厘米。

请输入英尺数目：**5**↵

请输入英寸数目：**11**↵

转换的结果为：

5 英尺 11 英寸等于 180.34 厘米

　　3. 编写一个程序，实现从键盘上输入一个圆的半径，计算出圆的面积，自行增加合理的说明文字，让程序更加人性化(圆的面积公式 $s = \pi r^2$)。

　　4. 下面的程序没有向用户给出任何的注释和说明：

```
1   #include <stdio.h>
2   #include <stdlib.h>
3   int main()
4   {
5       float a,b,h;
6       scanf("%f", &b);
7       scanf("%f", &h);
8       a=(b+h)/2;
9       printf("a=%g\n", a);
10      return 0;
11  }
12
```

请阅读该程序，说明它的作用，它计算的结果是什么？重写这个程序，使用户和将来修改程序的程序员都更容易理解这个程序。

5．在 Norton Juster(诺顿·贾斯特)的童话故事《The Phantom Tollbooth》(神奇收费亭)中，描述了一个小男孩麦罗(Milo)，他觉得太阳底下没有任何新鲜有趣的事，活着本身就是一场无聊的灾难。因此，即使在学校里，同学们都很快乐地在上课或玩耍，他也只是转头望向窗外，怔怔地发着呆，脑袋里一片空白。直到有一天，一件奇怪的事突然发生了。麦罗的卧室里突然出现了一个巨大的礼物，打开后，麦罗发现那居然是一个神秘世界的入口，借着一辆魔法跑车，可以载着他进入神秘的魔法世界，而且通过入口后，他也会变幻成卡通人物，展开一场神秘的旅行，前往遥远未知的"空中楼阁"。那里是一个完全陌生却又出奇精彩的世界。这部童话小说最后改编成了电影《幻像天堂》。在小说中，数学魔法师给 Milo 提出了下面这个问题：

$$4 + 9 - 2 * 16 + 1/3 * 6 - 67 + 8 * 2 - 3 + 26 - 1/34 + 3/7 + 2 - 5$$

根据 Milo 的计算，该表达式的值总为 0，数学魔法师也证实了这一点。但当我们进行计算时，只有从头开始严格按照从左到右的顺序计算才能使结果为 0。若运用 C 语言的优先级法则，该表达式将得出什么结果？编写一个程序来证明。

6．下面是一首儿歌：

> 在我去 St.Ives 的路上，
> 我遇到了有七个老婆的男人，
> 每个老婆有七个麻袋，
> 每个麻袋里有七只猫，
> 每个猫带了七只小猫，
> 小猫、猫、麻袋和老婆，
> 有多少人要去 St.Ives？

其实这是一个脑筋急转弯的问题：文中只有"我"要去 St.Ives，其他的都是去相反方向的。假设要找出有多少小猫、猫、麻袋和老婆从 St.Ives 处过来，请编写一个 C 程序计算并显示结果。要有必要的说明，以便每一个运行此程序的人都能够理解它计算的是什么值。

7．从键盘输入两个数，计算商，如果有余数，输出余数。

8．交换两个数的值。

项目 3　菜 单 设 计

3.1　项 目 要 求

(1) 掌握关系运算符和关系表达式。

(2) 掌握逻辑运算符和逻辑表达式。

(3) 掌握 if、if-else 和 if-else if 结构的使用。

(4) 掌握 switch 语句的使用。

3.2　项 目 描 述

本项目中，我们设计一个菜单，使得同一个程序可以根据不同的选择实现不同的功能。

编写一个程序，要求实现下面的功能：

输入一个整数后，屏幕上显示如下信息：

　　1. 输出相反数

　　2. 输出平方数

　　3. 输出平方根

　　4. 退　　出

若按 1 键，则输出该数的相反数；按 2 键，则输出该数的平方数……按 1~4 之外的其他键时，均显示输入出错。

以下是程序运行时的几个例子。

情形一：计算相反数。

> 本程序可以计算正整数的相反数，以及平方数和正整数的平方根，请输入一个正整数：**16**↵
>
> 请选择你要进行的计算：
>
> 1. 输出相反数
>
> 2. 输出平方数
>
> 3. 输出平方根
>
> 4. 退　　出
>
> 请按键选择(1~4)：**1**↵
>
> 16 的相反数为–16

情形二：计算平方数。

> 本程序可以计算正整数的相反数，以及平方数和正整数的平方根
>
> 请输入一个正整数：**16**↵
>
> 请选择你要进行的计算：
>
> 1. 输出相反数
>
> 2. 输出平方数
>
> 3. 输出平方根
>
> 4. 退　　出
>
> 请按键选择(1～4)：**2**↵
>
> 16 的平方为 256

情形三：计算平方根。

> 本程序可以计算正整数的相反数，以及平方数和正整数的平方根
>
> 请输入一个正整数：**16**↵
>
> 请选择你要进行的计算：
>
> 1. 输出相反数
>
> 2. 输出平方数
>
> 3. 输出平方根
>
> 4. 退　　出
>
> 请按键选择(1～4)：**3**↵
>
> 16 的平方根为 4.00

情形四：不做任何计算。

> 本程序可以计算正整数的相反数，以及平方数和正整数的平方根
>
> 请输入一个正整数：**16**↵
>
> 请选择你要进行的计算：
>
> 1. 输出相反数
>
> 2. 输出平方数
>
> 3. 输出平方根
>
> 4. 退　　出
>
> 请按键选择(1～4)：**4**↵
>
> 退出。

情形五：选择错误。

> 本程序可以计算正整数的相反数，以及平方数和正整数的平方根
>
> 请输入一个正整数：**16**↵
>
> 请选择你要进行的计算：
>
> 1. 输出相反数
>
> 2. 输出平方数
>
> 3. 输出平方根
>
> 4. 退　　出
>
> 请按键选择(1～4)：**6**↵
>
> 选择错误。

　　根据项目 2 中的知识，我们可以把程序分为三部分：数据输入、数据计算和数据输出。从上面列举的情况来看，进行不同运算时程序输出也不同，所以就把数据计算和数据输出合并成一部分——数据处理。即把此程序分为两部分来讨论：数据输入和数据处理。

3.2.1　数据输入部分

　　本程序需要计算相反数、平方数和平方根。我们需要一个整型变量 num 来保存需要计算的数据，还需要一个整型变量 total 来保存 num 的相反数和平方数，而整数的平方根是一个实数，所以必须要用实型变量 square 来保存，且输入的选项是 1～4，用整型变量 test 即可。于是变量的定义如下：

```
1    int    num , total , test ;
2    float        square ;
```

可以用如下语句输入一个正整数：

```
1    printf("本程序可以计算正整数的相反数，平方数和正整数的平方根\n");
2    printf("输入一个正整数：");
3    scanf("%d",&num);
4    printf("\n");
```

显示菜单选项只需使用 printf 语句即可。

```
1    printf("请选择你要进行的计算：");
2    printf("1．输出相反数\n");
3    printf("2．输出平方数\n");
4    printf("3.输出平方根\n");
5    printf("4.退        出\n");
```

将选择的选项送入 test 变量中，即

```
1    printf("请按键选择(1~4)：");
2    scanf("%d",&test);
3    printf("\n");
```

3.2.2 数据处理部分

在数据输入部分，分别从键盘上输入了变量 num 和 test 的值，接下来按照 test 的不同数值对 num 进行不同的计算。当 test 的数值为 1 时，计算 num 的相反数；当 test 的数值是 2 时，对 num 进行平方运算；当 test 是 3 时，对 num 进行平方根运算；当 test 的数值是 4 时，不进行任何运算，给出提示信息"退出"；当 test 的数值是其他任何值时，给出提示信息"选择错误"。程序根据 test 的数值不同，执行不同的程序段。

(1) 计算 num 的相反数时，可以使用以下语句来实现：

```
total=-num;
printf("%d 的相反数是%d\n", num, total);
```

(2) 对 num 进行平方运算时，可以使用以下语句来实现：

```
total=num * num;
printf("%d 的平方是%d\n", num, total);
```

(3) 计算 num 的平方根时，可以使用数学函数库 math.h 中的 sqrt 函数来实现。sqrt 的函数原型是"double sqrt(double x);"，作用是计算 x 的平方根。通过这个函数，我们计算 num 的平方根并把结果保存在变量 square 中，则可以使用以下语句：

```
square=sqrt(num);
```

而输出可以使用以下语句：

```
printf("%d 的平方根是%.2f\n", num, square);
```

若要使用数学库函数，则需要在程序的开头使用 #include<math.h>来加载数学函数库 math.h。

C 语言常用的库函数见附录 D。

(4) 实现退出功能时，可以采用以下语句：

```
printf("退出\n") ;
```

(5) 提示选择错误时，可以采用以下语句：

```
printf("选择错误\n") ;
```

以上讨论了每一种情况下执行的语句，我们把所有的语句都罗列下来，即

```
1    /*===============================================
2    *程序名称：caidan.c
3    *程序功能：根据选项对数据进行不同的计算，
4              这是一个错误的版本
5    ===============================================*/
6    #include <stdio.h>
7    #include<stdlib.h>
8    #include<math.h>
9    int main()
10   {
11       int   num , total , test ;
```

12	double　　square ;
13	
14	printf("本程序可以计算正整数的相反数，以及平方数和正整数的平方根\n");
15	printf("输入一个正整数: ");
16	scanf("%d",&num);
17	printf("\n");
18	
19	printf("1.输出相反数\n");
20	printf("2.输出平方数\n");
21	printf("3.输出平方根\n");
22	printf("4.退　　出\n");
23	
24	printf("请按键选择(1~4): ");
25	scanf("%d",&test);
26	printf("\n");
27	
28	total=-num;
29	printf("%d 的相反数是%d\n" , num ,total);
30	
31	total=num * num;
32	printf("%d 的平方数是%d\n" , num ,total);
33	
34	square=sqrt(num);
35	printf("%d 的平方根是%.2f\n" , num ,square);
36	
37	printf("退出\n") ;
38	printf("选择错误\n") ;
39	
40	return 0;
41	}

在程序编写完成后，需要运行一遍，看程序是否符合我们的要求。可是，程序运行后的实际结果却是所有的语句都会执行一次，输出变成了

本程序可以计算正整数的相反数，以及平方数和正整数的平方根
请输入一个正整数：**16**↵

请选择你要进行的计算：
1. 输出相反数
2. 输出平方数

> 3. 输出平方根
> 4. 退　　出
> 请按键选择(1～4)：**1**↵
>
> 16 的相反数为–16
> 16 的平方为 256
> 16 的平方根为 4.00
> 退出。
> 选择错误。

　　这显然不是我们所需要的。我们需要根据 test 的数值进行不同的运算，也就是说，上面列举的 5 种情况下的语句相互之间是排斥的，如果执行了其中任何一种情况，就不能执行其他情况下的语句。像这种多选一的情况，我们可以使用选择结构语句。

3.3　if 语 句

　　在现实生活中，我们所做的每一件事情都是经过思考后，在某一个条件下做出的动作。例如在学校里，每天早上睁开眼，就遇到一个选择：如果有课，就要起床上课，如图 3-1(a)所示。

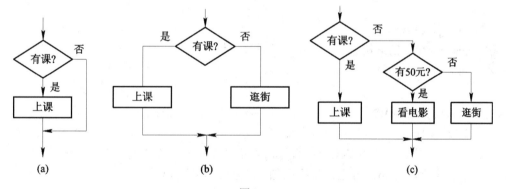

图 3-1

　　图 3-1 是流程图，是用来表达事物各个环节进行顺序的简图。图中箭头表示流程方向，菱形表示一个选择，菱形框中的文字表示选择的依据，图中的依据是有课与否，箭头上的"是"和"否"分别表示有课和没有课的时候流程进行的方向。矩形框表示执行的操作，也就是干什么，本图中是"上课"。这个图形表达的意思就是，若"有课"这个条件成立（"是"），则"上课"，否则（"有课"条件不成立)，什么都不做。

　　有课的时候去上课，没课的时候我们还可以起床逛街。这时流程图就变成了图 3-1(b)。如果有课条件成立（"是"），就上课，否则（"否"）就去逛街。这样，选择项变成了两个，我们每次只能实现一个，也就是说"上课"和"逛街"这两个动作只能执行一个，而不能同时执行。

　　有课的时候去上课，没课时，若有 50 块钱，就去看电影，若没有，则可以去逛街。这时流程图就变成了图 3-1(c)。若有课条件成立（"是"），则去上课；否则（"否"），若有 50

块钱条件成立("是"), 就看电影, 若没课也没钱, 就去逛街。

在 C 语言中, 选择由 if 语句来实现。if 语句有以下三种形式:

(1) if(条件)
　　　语句;

当条件成立时, 执行语句; 条件不成立时, 什么都不做。流程图见图 3-2(a)。

(2) if(条件)
　　　语句 1;
　　　else
　　　语句 2;

当条件成立时, 执行语句 1; 否则, 执行语句 2。流程图见图 3-2(b)。

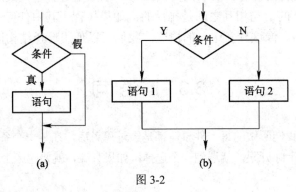

图 3-2

(3) if(条件 1)语句 1
　　　else if(条件 2)语句 2
　　　else if(条件 3)语句 3
　　　　　　　⋮
　　　else if(条件 m)语句 m
　　　else 语句 n

若条件 1 成立, 则执行语句 1; 否则, 若条件 2 成立, 则执行语句 2…… 否则, 若条件 m 成立, 执行语句 m; 否则, 执行语句 n。流程图见图 3-3。

如果要实现图 3-1(a)所示的结构, 则可以使用如下语句:

　　　if(有课)
　　　　　上课;

若要实现图 3-1(b)所示的结构, 则可以使用如下语句:

　　　if(有课)
　　　　　上课;
　　　else
　　　　　逛街;

若要实现图 3-1(c)所示的结构, 则可以使用如下语句:

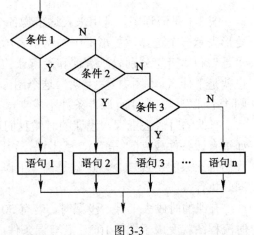

图 3-3

```
if(有课)
    上课;
else if(有 50 元)
    看电影;
else
    逛街;
```

在英语中，if⋯else 就是"如果⋯⋯否则"的意思。我们在编写程序时需要注意的就是这些语句之间的相互逻辑关系，即每个动作执行的条件是什么。在图 3-1(a)中，上课的执行条件就是有课；在图 3-1(b)中，上课的执行条件是有课，逛街的执行条件是没课；在图 3-1(c)中，上课的执行条件是有课，看电影的执行条件是没课并且有 50 元钱，逛街的执行条件是没课并且没有 50 元钱。在每个具体问题中，我们只需要分辨出每个动作的执行条件，然后套入三种结构中就可以了。

3.3.1　关系运算符

关系运算符用来判断两个数的大小关系，在 C 语言中，有如下关系运算符：<(小于)、<=(小于等于)、>(大于)、>=(大于等于)、==(等于)、!=(不等于)。

需要说明的几点：

(1) 用关系运算符比较两个数据的大小，得到的结果只有两个：成立(也称为"真")和不成立(也称为"假")。当式子为真时，C 语言会给出一个数值 1；当式子为假时，C 语言会给出一个数值 0。在数学上，$x < 0$，意思是 x 可以取比 0 小的任何数值，但是在 C 语言中，变量 x 的数值是确定的，"$x < 0$"得到的是一个二元数值，即"真"或者"假"。

(2) 小于等于"<="和大于等于">="，其符号不是数学上的"≤"和"≥"，$x <= 0$ 表达的意思是只要 x 小于或者等于 0，其值都为真，只有当 x 的数值大于 0 时，式子 $x <= 0$ 才为假。

(3) 等于"=="的符号是两个等号，$x == 0$ 表达的意思是当 x 的数值是 0 时，该式子的值为真(取值为 1)，当 x 数值不是 0 时，其值为假(取值为 0)。这个运算符和"!="运算符的特殊作用在于判断变量能否整除。如判断变量 x 是否能被 2 整除，可以使用表达式 $x\%2 == 0$ 来测试，若 x 能被 2 整除，则式子 $x\%2 == 0$ 为真，否则为假。

使用"=="时注意跟赋值运算符"="相区分。赋值运算符是把右边的数值赋给左边的变量，而关系运算符"=="是比较两个数据是否相等。

例 3-1　从键盘输入一个整数，判断该数是正数、负数还是零。

程序代码如下：

1	/*===
2	*程序名称：ex3_1.c
3	*程序功能：判断从键盘输入的整数是正数、负数还是零
4	===*/
5	#include <stdio.h>
6	#include <stdlib.h>

```
7
8    int main()
9    {
10       int n;
11       printf("请输入一个整数：");
12       scanf("%d",&n);
13
14       if(n>0)
15           printf("输入的数是正数\n");
16       else if(n= =0)
17           printf("输入的数是零\n");
18       else
19           printf("输入的数是负数\n");
20       return 0;
21   }
22
```

3.3.2　逻辑运算符

我们在判断条件的时候常会遇到复合条件，如：

- 是中国公民，且年满 18 岁才有选举权。
- 70 岁以上的老人或 10 岁以下的儿童可免费参观展览。

在这些条件的判断中会出现"并且""或者"等字眼，在数学上称为"逻辑判断"。C 语言中也可以实现这些条件，采用以下符号：

&&(逻辑与)：如果两个操作数均为真，则值为真。

||(逻辑或)：如果其中一个操作数为真，则值为真。

!(逻辑非)：取反。

这些运算符称为逻辑运算符。运算符&&、||、! 也可以简称为与、或、非。为了更加形式化、数学化地来表达这些运算符的计算结果，我们可以用真值表来表达这些运算符。例如对于 a 和 b，&&运算符的真值表如下：

a	b	a&&b
假	假	假
假	真	假
真	假	假
真	真	真

这个表格表示了 a 和 b 取不同值时 a&&b 的情况。第一行当 a、b 取值均为假时，a&&b 的值为假。

|| 运算符的真值表如下：

a	b	a‖b
假	假	假
假	真	真
真	假	真
真	真	真

! 运算符的真值表如下：

a	!a
假	真
真	假

　　通过这三种基本的逻辑运算符，我们可以实现很多复杂的判断。如"70 岁以上的老人或 10 岁以下的儿童可免费参观展览"，要通过年龄来判断是否免票，我们可以采用式子"age>=70 ‖ age<=10"，当这个式子为真的时候，进公园就可以免票。这里需要注意 C 语言中的表达方式跟我们通常的表示方法有一些区别。如式子"$0 < x < 10$"，在数学上没有任何的问题，但在 C 语言中却完全不是这样，为了测试 x 是否大于 0 并且小于 10，需要用式子"x>0&&x<10"来表达。

　　例 3-2　从键盘输入一个年份，判断该年是否是闰年。

　　程序可以分成两部分：输入数据和判断闰年，流程图如图 3-4 所示。

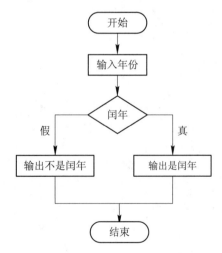

图 3-4　程序流程图

　　由于年份是整数，定义变量为 int 类型即可。输入年份的语句如下：

```
1    int year;
2    printf("请输入年份：");
3    scanf("%d",&year);
4
```

判断闰年可以用 if-else 语句。

1	if(闰年条件为真)
2	printf("%d 年是闰年\n",year);
3	else
4	printf("%d 年不是闰年\n",year);
5	

接下来写一个表达式，当是闰年时表达式为真，不是闰年时，表达式为假。

满足闰年有下列两个条件，符合其中之一即可：

(1) 能被 4 整除，但不能被 100 整除。

(2) 能被 4 整除，又能被 400 整除。

于是这两个条件之间是"||"(或)的关系。用式子表达为

条件(1)||条件(2)

条件(1)由两部分组成，"能被 4 整除"和"不能被 100 整除"，这两个部分用"但"连接，所以这两个部分为"&&"(与)的关系，即条件(1)可以表达为

(能被 4 整除)&&(不能被 100 整除)

条件(2)也有两部分，"能被 4 整除"和"能被 400 整除"，这两个部分用"又"连接，所以这两个部分也是"&&"(与)的关系，即条件(2)可以表达为

(能被 4 整除)&&(能被 400 整除)

若用变量 year 表示年份，则"能被 4 整除"可以用表达式 year%4= =0 判断，"不能被 100 整除"可以用表达式 year%100!=0 判断，"能被 400 整除"可以用表达式 year%400= =0 判断。

综上分析得到用来判断闰年的表达式如下：

(year%4= =0&&year%100!=0)||(year%400= =0)

其中，值为真(1)是闰年，否则为非闰年。完整的程序代码如下：

1	/*===
2	*程序名称：ex3_2.c
3	*程序功能：判断从键盘输入的年份是否是闰年。
4	===*/
5	#include <stdio.h>
6	#include <stdlib.h>
7	
8	int main()
9	{
10	int year;
11	printf("请输入年份：");
12	scanf("%d", &year);
13	
14	if((year%4= =0&&year%100!=0)||(year%400= =0))
15	printf("%d 年是闰年\n", year);

16	else
17	printf("%d 年不是闰年\n", year);
18	return 0;
19	}
20	

程序运行的结果如下：

请输入年份：**2021**←

2021 年不是闰年

3.3.3 简化求值

当 C 语言在计算表达式 exp1&&exp2 或 exp1||exp2 时，子表达式总是从左到右各自计算的。当计算 exp1&&exp2 时，若 exp1 为 0，则不再进行 exp2 的运算，直接给出结果 0；只有当 exp1 为 1 时，才计算 exp2 的值，然后给出结果。

同样地，当 C 语言计算 exp1||exp2 时，若 exp1 为 1，则不再进行 exp2 的运算，直接给出结果 1；只有当 exp1 为 0 时，才计算 exp2 的值，然后给出结果。

这是一种简化求值的策略，对于 exp1&&exp2，若 exp1 为 0，则不管 exp2 的值是多少，最终的结果都是 0，于是 C 语言就进行了"偷懒"，省略了 exp2 的计算。如下面的程序中，m 的数值改变了，但是 n 的数值却没有改变。

例 3-3 简化求值示例。

1	/*===
2	*程序名称：ex3_3.c
3	*功能：此程序运行后，m 的数值改变，n 的数值没有改变。
4	注意，此程序仅仅是为了说明 C 语言的简化计算，
5	没有其他的实用价值。
6	*===*/
7	#include <stdio.h>
8	
9	int main()
10	{
11	int m, n, j;
12	m=3;
13	n=4;
14	j=((m=0)&&(n=0));

15	printf("j=%d , m=%d , n=%d \n", j, m, n) ;
16	return 0;
17	}

程序运行的结果如下：

```
j=0 , m=0 , n=4
```

从中也可以看到，式子"j=((m=0)&&(n=0));"中，&&左边 m=0 运行后的逻辑值是 0，于是右边的 n = 0 并没有进行计算(n 的数值没有改变，还是 4)，直接给出了结果 j=0。

3.3.4　逻辑运算判断和结果表达

C 语言编译系统在表示关系运算和逻辑运算的结果时，以数值 1 代表"真"，数值 0 代表"假"。如 3 > 5 的值为假，则编译系统计算后得到 0；而 10 >= 7 的值为真，编译系统计算后得到数值 1。但是在判断一个量是否为"真"时，以 0 代表"假"，以非 0 代表"真"，即将一个非 0 的数值都看作"真"。

譬如逻辑运算表达式 2&&35.4，左项"2"是一个非 0 的值，则编译系统认为左项为"真"；右项"35.4"是一个非 0 的值，则编译系统认为右项为"真"，计算后表达式的值为 1(真)。

只有当一个式子的值为 0 时，编译系统才把该式子看作"假"。如 'A'&&0，左项 'A' 是一个非 0 的值，则编译系统认为左项为"真"；右项"0"是一个 0 值，则编译系统认为右项为"假"，计算后表达式的值为 0(假)。

3.3.5　运算符的优先级和结合性

前面我们学习了算术运算符、赋值运算符、关系运算符和逻辑运算符，若在一个式子中有多个运算符，我们应该按照什么顺序来运算呢？比如式子 2*5+6-4，按照数学上的运算规则，先进行乘法运算，再进行加法运算，然后进行减法运算，这里乘法比加减运算优先进行，加法和减法则按照从左到右的顺序依次进行运算。当不同的运算符进行混合运算时，会考虑优先级的问题，首先进行优先级别高的运算，然后进行优先级别低的运算；当相同级别的运算符进行混合运算时，会按照其结合性进行计算，从左到右或者从右到左，称为左结合性或右结合性。

C 语言把运算符共分为 15 个优先级，1 级优先级最高，15 级优先级最低，具体情况见附录 C。算术运算符、赋值运算符、关系运算符和逻辑运算符的优先级情况见图 3-5。

算术运算符中，*、/、% 运算符的优先级别高，+、-运算符的优先级别低；关系运算符中，<、<=、>、>= 的优先级别高，= = 和 != 的优先级别低。在写一些比较复杂的式子时，若运算符较多，则建议使用括号来实现所需的运算顺序。

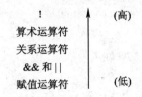

图 3-5　常用运算符的优先级

3.4 程 序 实 现

在 3.2 节中，我们讨论了菜单以及菜单中各个功能的实现，在 3.3 节中又介绍了 if 语句条件判断的表达方式。以下是用 if 语句实现菜单设计的程序。

例 3-4 if 语句实现菜单的设计。

```
1   /*==============================================
2   *程序名称：ex3_4.c
3   *程序功能：根据选项对数据进行不同的计算，
4             利用 if-else if 语句来实现
5   ============================================*/
6   #include <stdio.h>
7   #include<stdlib.h>
8   #include<math.h>
9   int main()
10  {
11      int   num , total , test ;
12      double    square ;
13      printf("本程序可以计算正整数的相反数，平方数和平方根\n");
14      printf("输入一个正整数：");
15      scanf("%d",&num);
16      printf("\n");
17      printf("1.输出相反数\n");
18      printf("2.输出平方数\n");
19      printf("3.输出平方根\n");
20      printf("4.退    出\n");
21      printf("请按键选择(1~4)：");
22      scanf("%d",&test);
23      printf("\n");
24      if(1= =test)
25      {
26          total=-num;
27          printf("%d 的相反数是%d\n" , num ,total);
28      }
29      else if(2==test)
30      {
31          total=num * num;
```

32	printf("%d 的平方数是%d\n" , num ,total);
33	}
34	else if(3= =test)
35	{
36	square=sqrt(num);
37	printf("%d 的平方根是%.2f\n", num, square);
38	}
39	else if(4= =test)
40	{
41	printf("退出\n") ;
42	}
43	else
44	{
45	printf("选择错误\n") ;
46	}
47	return 0;
48	}
49	

这个程序在运行的时候，会根据 test 的数值不同执行相应的程序段，实现了菜单的设计。这里需要注意的是，在上面的 if-else if 语句中，大括号({})必须加，否则 if 只能处理第一条语句，会导致错误。

【练习 3-1】 从键盘输入一个 1～7 的数字，输出数字对应的星期，如输入数字 1，输出"星期一"，输入数字 7，则输出"星期日"。

仿照例 3-4，把下面的程序补充完整。

1	/*===
2	*程序名称：tr3_1.c
3	*程序功能：从键盘输入一个 1～7 的数字，
4	输出数字对应的星期。
5	===*/
6	#include <stdio.h>
7	#include <stdlib.h>
8	
9	int main()
10	{
11	int week;
12	printf("请输入一个数字：");
13	scanf("%d", &week);
14	/*====在下面横线上写 if 语句==========*/

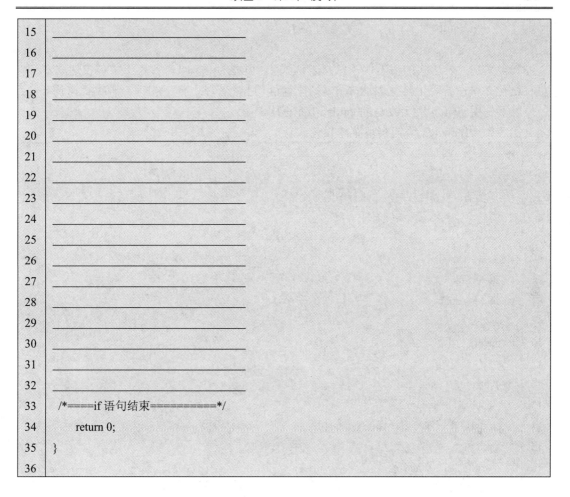

```
15 _____
16 _____
17 _____
18 _____
19 _____
20 _____
21 _____
22 _____
23 _____
24 _____
25 _____
26 _____
27 _____
28 _____
29 _____
30 _____
31 _____
32 _____
33    /*====if 语句结束==========*/
34        return 0;
35    }
36
```

3.5 switch 语句

3.5.1 switch 语句的基本形式

上面讨论的题目有 5 种选择(请思考是哪 5 种？)。在一个实际问题中，可能会有更多种可能，譬如 200 种可能的情况，而且每种可能的条件都是一些离散的量，如果都用 if-else 语句，会显得非常杂乱，随着程序变长，阅读会变得越来越困难。这个时候可以采取另外一种语句——switch 语句。switch 语句也是用来实现选择结构的，因为其结构清晰，所以常用于分支比较多的情况。

switch 语句的一般形式如下：

switch(表达式)

{   case   常量表达式 1：语句 1; break;

　　 case   常量表达式 2：语句 2; break;

　　 ⋮　　　 ⋮　　　 ⋮

　　 case   常量表达式 n：语句 n; break;

```
        default    :            语句 n+1;
    }
```

其含义是：表达式的值若等于常量表达式 1，则执行语句 1，若等于常量表达式 2，则执行语句 2……若等于常量表达式 n，则执行语句 n，若以上都不相等，则执行语句 n+1。

以下是用 switch 语句改写的 caidan-if.c 程序。

例 3-5　用 switch 语句实现菜单设计。

```
1    /*=============================================
2    *程序名称：ex3_5.c
3    *程序功能：根据选项对数据进行不同的计算，
4            利用 switch 语句来实现
5    =============================================*/
6    #include <stdio.h>
7    #include<stdlib.h>
8    #include<math.h>
9
10   int main()
11   {
12       int    num, total, test;
13       double    square;
14       printf("本程序可以计算正整数的相反数，平方数和平方根\n");
15       printf("输入一个正整数：");
16       scanf("%d", &num);
17       printf("\n");
18       printf("1. 输出相反数\n");
19       printf("2. 输出平方数\n");
20       printf("3. 输出平方根\n");
21       printf("4. 退    出\n");
22       printf("请按键选择(1~4)：");
23       scanf("%d", &test);
24       printf("\n");
25
26       switch(test)
27       {
28           case  1:
29           {
30               total=-num;
31               printf("%d 的相反数是%d\n", num,total);
32               break;
33           }
```

```
34          case   2:
35          {
36              total=num * num;
37              printf("%d 的平方数是%d\n", num, total);
38              break;
39          }
40          case   3:
41          {
42              square=sqrt(num);
43              printf("%d 的平方根是%.2f\n", num, square);
44              break;
45          }
46          case   4: printf("退出\n"); break;
47          default: printf("选择错误\n") ;
48      }
49
50      return 0;
51  }
52
```

【练习 3-2】 从键盘输入一个 1~7 的数字，输出数字对应的星期，如输入数字 1，输出"星期一"，输入数字 7，则输出"星期日"。使用 switch 语句实现，将程序补充完整。

```
1   /*============================================
2   *程序名称：tr3_2.c
3   *程序功能：从键盘输入一个 1~7 的数字，
4              输出数字对应的星期。
5   ============================================*/
6   #include <stdio.h>
7   #include <stdlib.h>
8
9   int main()
10  {
11      int week;
12      printf("请输入一个数字：");
13      scanf("%d", &week);
14  /*====在下面横线上写 switch 语句=========*/
15  _____
16  _____
17  _____
18  _____
```

19	_____
20	_____
21	_____
22	_____
23	_____
24	_____
25	_____
26	_____
27	/*====switch 语句结束=========*/
28	return 0;
29	}
30	

3.5.2　break 在 switch 语句中的作用

在 switch 语句中，break 的作用是终止 switch 语句，继续执行 switch 后面的语句。关于 break 的详细用法将在后续的章节中介绍。在 C 语言语法中，switch 语句中可以不用 break，程序将在所选的 case 子句执行完毕后继续执行其后的子句。switch 的这个特点，在多个情况下执行同一组语句的时候特别有用，如：

　　case 1:

　　case 2: 语句; break;

　　……

这个时候，当表达式取值为 1 或 2 时，都会执行同一组语句。

例 3-6　输入月份，输出该月有多少天(假设不考虑闰年的情况)。

在一年中，12 个月有不同的天数，可以总结为口诀："一三五七八十腊，三十一天永不差，四六九冬三十整，平年二月二十八，闰年二月把一加"。因为不考虑闰年，所以 2 月以 28 天计算。31 天的月份有 1、3、5、7、8、10、12 月，30 天的月份有 4、6、9、11 月。

1	/*=======================================
2	*程序名称：ex3_6.c
3	*功能：输入月份，输出该月的天数
4	===*/
5	#include <stdio.h>
6	#include <stdlib.h>
7	int main()
8	{
9	int month;
10	printf("请输入月份：");
11	scanf("%d", &month);
12	switch(month)

13	{
14	case 1:
15	case 3:
16	case 5:
17	case 7:
18	case 8:
19	case 10:
20	case 12: printf("%d 月有 31 天\n", month); break;
21	case 2: printf("2 月有 28 天\n"); break;
22	case 4:
23	case 6:
24	case 9:
25	case 11: printf("%d 月有 30 天\n", month); break;
26	default: printf("输入错误！");
27	}
28	return 0;
29	}

在 switch 语句中，default 子句不是可有可无的。在没有加入 default 子句的情况下，当任何 case 子句都没有匹配时，程序不做任何动作，继续执行 switch 结构之后的语句。为了避免程序忽略一些意外的情况，在每个 switch 语句中都使用 default 子句是一种良好的编程习惯，除非确定已经在 case 语句中列举了所有可能的情况。

3.5.3　if 语句和 switch 语句比较

switch 语句只能在用整型或者类似整型的常量标识的 case 子句中选择，这大大限制了它的使用，在实际编程中，常会用字符串常量或者变量作为 case 子句的指示符号。如果执行的条件是一个数据范围，那么只能使用 if 语句。然而在条件允许的情况下，使用 switch 语句可以使程序更具可读性、更高效。

例 3-7　输入一百分制成绩，输出用 A、B、C、D、E 表示的成绩等级。已知 90 分以上为 A 等；80 到 89 分为 B 等；70 到 79 分为 C 等；60 到 69 分为 D 等；60 分以下为 E 等。

该程序可以用 if 语句实现，也可以用 switch 语句实现。if 语句的程序代码如下：

1	/*=======================================
2	*程序名称：ex3_7_if.c
3	*功能：输入一百分制成绩，输出用 A、B、C、D、E 表示的成绩等级
4	=======================================*/
5	#include <stdio.h>
6	#include <stdlib.h>
7	
8	int main()

```
9    {
10       int score;
11       printf("请输入一个成绩：");
12       scanf("%d", &score);
13
14       if(score>=0&&score<=100)
15       {
16           if(score>=90) printf("成绩为 A\n");
17           else if(score>=80) printf("成绩为 B\n");
18           else if(score>=70) printf("成绩为 C\n");
19           else if(score>=60) printf("成绩为 D\n");
20           else printf("成绩为 E\n");
21       }
22       else
23           printf("成绩输入错误\n");
24       return 0;
25    }
```

　　switch 语句的每个项只能是离散的量，本例中 score 的数值有 100 个，我们不可能写 100 条 case 语句。但是观察等级成绩后，会发现将 score 除以 10 后就可以大大减少 case 分支。switch 语句的程序代码如下：

```
1    /*======================================
2    *程序名称：ex3_7_switch.c
3    *功能：输入一百分制成绩，输出用 A、B、C、D、E 表示的成绩等级
4    ======================================*/
5    #include <stdio.h>
6    #include <stdlib.h>
7
8    int main()
9    {
10       int score;
11       printf("请输入一个成绩：");
12       scanf("%d", &score);
13
14       if(score>=0&&score<=100)
15       {
16         switch(score/10)
17         {
18           case 10:
```

19	case 9: printf("成绩等级为 A\n"); break;
20	case 8: printf("成绩等级为 B\n"); break;
21	case 7: printf("成绩等级为 C\n"); break;
22	case 6: printf("成绩等级为 D\n"); break
23	default:printf("成绩等级为 E\n"); break;
24	}
25	}
26	else
27	printf("成绩输入错误\n");
28	
29	return 0;
30	}

在使用 switch 语句时，每个 case 语句和 default 部分都不要太复杂，一般保持在 5 条语句之内就可以了，若超过 5 条语句，则可以写成函数的形式，通过函数调用实现功能。因为若写得太复杂，会导致整个 switch 语句过于庞大而不利于管理。同时，也不要用 switch 语句的嵌套，因为嵌套太多同样会导致语句结构复杂，若确实需要 switch 的嵌套，则可以把内嵌的 switch 写成函数的形式。

3.6 选择结构嵌套问题

if-else 语句的结构如下：
  if(条件)
    语句 1;
  else
    语句 2;
该语句中，根据条件成立与否执行语句 1 或者语句 2，而语句 1 和语句 2 只要符合 C 语言语法规则即可，可以是一条语句，也可以是多条语句，还可以是一个 if-else 语句。在 if 语句中又包含了一个或多个 if 语句，称为 if 语句嵌套。如：
  if(条件 1)
  {
    if(条件 2)语句 1;
  }
  else
    语句 2;
在 if 语句嵌套中，需要注意 else 与 if 的配对关系，每一个 else 必须对应一个 if 语句，否则会出错。else 的配对原则是：else 总是与它上面同一层次上的、最近的、未配对的 if 进行配对，所以最上面的 if 语句的大括号必须加，否则 else 就跟第二个 if 进行配对了。

下面用一个例子来说明 if 语句嵌套。

有一个函数

$$y= \begin{cases} x & (x<1) \\ 2x-1 & (1 \leqslant x<10) \\ 3x-11 & (x \geqslant 10) \end{cases}$$

从键盘输入 x 的值，输出 y 的数值。

这是一个分段函数，可以用 if-else if 语句来实现。

```
1    #include <stdio.h>
2    #include <stdlib.h>
3    int main()
4    {
5        int x,y;
6        printf("请输入 x 的数值:");
7        scanf("%d", &x);
8        if(x<1)                /* x<1 */
9          { y=x;
10            printf("x=%3d, y=x=%d\n", x, y);
11         }
12       else   if(x<10)        /* 1<=x<10 */
13         { y=2*x-1;
14            printf("x=%d, y=2*x-1=%d\n",x,y);
15         }
16       else                   /* x>=10   */
17         { y=3*x-11;
18            printf("x=%d, y=3*x-11=%d\n", x, y);
19         }
20            return 0;
21   }
```

流程图如图 3-6 所示。

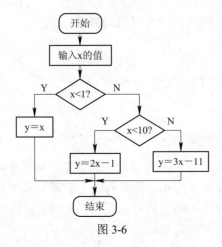

图 3-6

同时，还可以把 if-esle if 语句替换为

```
1    if(x<10)
2    {   if(x<1)        /* x<1 */
3        { y=x;
4            printf("x=%3d, y=x=%d\n", x, y);
5        }
6        else            /* 1<=x<10 */
7        {   y=2*x-1;
8            printf("x=%d,   y=2*x-1=%d\n", x, y);
9        }
10   }
11   else                /* x>=10   */
12   {   y=3*x-11;
13       printf("x=%d,   y=3*x-11=%d\n", x, y);
14   }
```

流程图如图 3-7 所示。

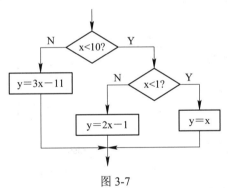

图 3-7

图 3-7 中，if 语句内嵌套了一个 if-else 语句，所以需要用大括号把内嵌的 if-else 语句包裹起来，而且内嵌的语句要缩进 2 个字符的位置，处于同一个层次上的大括号缩进位置也一样，这样程序结构清晰，层次分明，容易阅读。否则，各种语句堆砌在一起，不方便阅读。

当然，上面的 if 结构也可以替换为

```
1    if(x>=10)     /* x>=10   */
2       {y=3*x-11;
3        printf("x=%d, y=3*x-11=%d\n", x, y);
4       }
5    else if(x>=1)     /* 1<=x<10 */
6        {y=2*x-1;
7            printf("x=%d, y=2*x-1=%d\n", x, y);
8        }
```

9	else　　　/* x<1 */
10	{ y=x;
11	printf("x=%3d,　　y=x=%d\n", x, y);
12	}

流程图如图 3-8 所示。

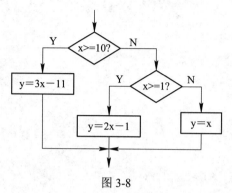

图 3-8

在写 if 语句时,最好用大括号来标明 if 语句的范围,特别在是在 if 语句嵌套的情况下,更需要用大括号防止 else 配对出现问题。注意体会以下两段程序的差异:

程序段一:　　　　　　　　　　　　　程序段二:

```
y=x;                              y=x;
if(x<10)                          if(x<10)
  if(x>=1)                          {if(x>=1)
      y=2*x-1;                          y=2*x-1;
  else                              }
      y=3*x-11;                     else
                                        y=3*x-11;
printf("x=%d, y=%d\n", x, y);     printf("x=%d, y=%d\n", x, y);
```

程序段一比程序段二少了一个大括号,其 else 与第二个 if 进行配对,导致逻辑上的错误。程序段二加上大括号后,第二个 if 与 else 不是同一个层次上的,else 只能与第一个 if 进行配对,实现了程序功能。

3.7　条件运算符

条件运算符(? :)提供了一种简洁的表达条件执行的机制,在某些情况下,这种机制显得特别有效。和其他运算符不同,这个运算符带有三个操作数,其一般形式如下:

　　　(条件)? 表达式 1:表达式 2;

其执行的原理是,首先判断条件是否为真,若为真,则执行表达式 1,并把表达式 1 的数值作为整个表达式的值;若条件为假,则计算表达式 2 的数值并作为整个表达式的值。

求 a、b 两个数中的较大者,可以用如下 if 语句来完成:

```
if(a>b)
    max=a;
else
    max=b;
```

若用条件运算符来表达，则为

```
max=(a>b)?a:b ;
```

在比较简单的判断中，用条件运算符代替 if-else 语句可使程序显得简洁，但是，一定不要过度使用这个运算符，如果在这个运算符的表达式 1 和表达式 2 中加入大量的其他语句，反而会使程序显得混乱。

3.8 总 结

设计程序时，如果需要对某种情况进行判断才能决定下一步的动作，就要用到选择结构。C 语言中用 if 语句和 switch 语句构成选择结构，if 语句有三种形式，分别对应一个分支、两个分支和多个分支的情况。switch 语句常用于分支比较多且每个分支的条件都是一些离散量的情况。在使用 switch 语句时，需要在合适的地方加入 break 语句来跳出 switch 结构。

switch 语句只能在用整型或者类似整型的常量标识的 case 子句中选择，这大大限制了它的使用。在实际编程中，常会用字符串常量或者变量作为 case 子句的指示符号。如果执行的条件是一个数据范围，那么只能使用 if 语句，然而在条件允许的情况下，使用 switch 语句可以使程序更具可读性、更高效。

关系表达式和逻辑表达式计算的结果是一个布尔值，取值为"真"和"假"，在 C 语言中用 1 和 0 来表示。分支结构中的条件需要用关系表达式和逻辑表达式来表示，在进行程序设计的时候，需要注意把题目要求转换为合适的关系表达式和逻辑表达式，这样才能作出正确的判断。

关系运算符有六种：<、<=、>、>=、==、!=，都是用来比较两个式子的大小关系的。使用"=="时注意与赋值运算符"="相区分，很多 C 语言初学者容易把用"=="的地方误写作"="，从而造成错误。

C 语言中也可以实现逻辑判断采用的符号是&&(逻辑与如)、||(逻辑或)、!(逻辑非)，需要注意这三种逻辑运算的含义，根据具体的实际情况选择合适的逻辑运算符，这三种逻辑运算跟关系运算符结合，组成了强大的逻辑判断表达式。

C 语言编译系统在给出一个逻辑运算的结果时，以数值 1 代表"真"，数值 0 代表"假"，但是在判断一个量是否为"真"时，以 0 代表"假"，以非 0 代表"真"，即将一个非 0 的数值都看作"真"。

在 if 语句中又包含了一个或者多个 if 语句，称为 if 语句嵌套。使用 if 语句嵌套时，需要注意 else 的配对问题，else 的配对原则是：else 总是与它上面同一层次上的、最近的、未配对的 if 进行配对。最佳的处理方法就是利用大括号({})把内嵌的 if-else 语句包裹起来，这样就不会出现配对错误的问题。

3.9 习　　题

一、选择题

1. 有以下程序：

```
1   #include <stdio.h>
2   int main()
3   {
4     int x;
5     scanf("%d", &x);
6     if(x<=3) ;
7     else   if(x!=10)
8         printf("%d\n", x);
9     return 0;
10  }
```

当程序运行时，输入的值在哪个范围才会有输出结果(　　)。

    A．不等于 10 的整数　　　　　　　B．大于 3 且不等于 10 的整数

    C．大于 3 或等于 10 的整数　　　　D．小于 3 的整数

2. 若有以下程序段：

```
1   int a=3, b=5, c=7;
2   if(a>b) a=b; c=a;
3   if(c!=a) c=b;
4   printf("%d, %d, %d\n", a, b, c);
```

其输出结果是(　　)。

    A．程序段语法有错　　　　　　　　B．3, 5, 3

    C．3, 5, 5　　　　　　　　　　　　D．3, 5, 7

3. 有以下计算公式：$y = \begin{cases} \sqrt{x} & x \geq 0 \\ \sqrt{-x} & x < 0 \end{cases}$，若程序段已在前面命令行中包含 math.h 文件，则不能正确计算上述公式的程序段是(　　)。

    A．if(x>=0) y=sqrt(x);　　　　　　B．y=sqrt(x);

        else y=sqrt(-x);　　　　　　　　　　if(x<0) y=sqrt(-x);

    C．if(x>=0) y=sqrt(x);　　　　　　D．y=sqrt(x>=0? x :-x);

        if(x<0) y=sqrt(-x);

4. 当 x 的值为大于 1 的奇数时，则值为 0 的表达式是(　　)。

    A．x%2==1　　　　　　　　　　　　B．x/2

    C．x%2!=0   D．x%2==0

   5．判断 char 型变量 c1 是否为大写字母的正确表达式是(   )。

      A．'A'<=c1<='Z'   B．(c1>=A)&&(c1<=Z)

      C．('A'>=c1)||('Z'<=c1)   D．(c1>='A')&&(c1<='Z')

   6．以下是 if 语句的基本形式：

      if(表达式)语句

其中，"表达式" (   )。

      A．必须是逻辑表达式   B．必须是关系表达式

      C．必须是逻辑表达式或关系表达式   D．任意表达式

   7．有以下程序：

```
1    #include <stdio.h>
2    int main()
3    {
4        int x=1, y=0;
5        if(!x)
6            y++;
7        else if(x= =0)
8            if(x)   y+=2;
9            else y+=3;
10       printf("%d\n", y);
11       return 0;
12   }
```

    程序运行后，输出结果是(   )。

      A．3   B．2   C．1   D．0

   8．有以下程序：

```
1    #include <stdio.h>
2    int main()
3    {
4        int a=1, b=2, c=3;
5        if(a= =1 && b++= =2)
6        if(b!=2 || c--!=3)printf("%d, %d, %d\n", a, b, c);
7        else printf("%d, %d, %d\n", a, b, c);
8        else printf("%d, %d, %d\n", a, b, c);
9
10       return 0;
11   }
```

    程序运行后，输出结果是(   )。

      A．1, 2, 3   B．1, 3, 2   C．1, 3, 3   D．3, 2, 1

9. 以下程序的输出结果是(　　　)。

```
1   #include <stdio.h>
2   int main()
3   {
4       int a=15,b=21,m=0;
5       switch(a%3)
6       {
7           case 0: m++;break;
8           case 1: m++;
9           switch(b%2)
10          {
11              default: m++;
12              case 0: m++;break;
13          }
14      }
15      printf("%d \n",m);
16
17      return 0;
18  }
19
```

　　　A. 1　　　　　　　　B. 2　　　　　　　　C. 3　　　　　　　　D. 4

10. 运行下面程序时,从键盘输入字母 H,则输出结果是(　　　)。

```
1   #include <stdio.h>
2   int main()
3   {
4       char ch;
5       ch=getchar();
6       switch(ch)
7       {
8           case 'H': printf("Hello!\n");
9           case 'G':printf("Good morining!\n");
10          default:printf("Bye_Bye!\n");
11      }
12      return 0;
13  }
```

　　　A. Hello!　　　　　B. Hello!　　　　　C. Hello!　　　　　D. Hello!

　　　　　　　　　　　　Good morning!　　　Good morning!　　　Bye_Bye!

　　　　　　　　　　　　　　　　　　　　　Bye_Bye!

二、填空题

1．设 x 为 int 型变量，请写出一个关系表达式_____，用以判断 x 同时为 3 和 7 的倍数时关系表达式的值为真。

2．以下程序运行后的输出结果是_____。

1	`#include <stdio.h>`
2	`int main()`
3	`{`
4	`    int x=20;`
5	`    printf("%d",0<x<20);`
6	`    printf("%d\n",0<x&&x<20);`
7	`    return 0;`
8	`}`

3．以下程序运行后的输出结果是_____。

1	`#include <stdio.h>`
2	`int main()`
3	`{`
4	`    int a=-1, b=1;`
5	`    if((++a<0)&&!(b--<=0))`
6	`        printf("%d,%d\n",a,b);`
7	`    else`
8	`        printf("%d,%d\n",b,a);`
9	`    return 0;`
10	`}`

4．以下程序运行后的输出结果是_____。

1	`#include <stdio.h>`
2	`int main()`
3	`{`
4	`    int a=1, b=2,c=3,d=0;`
5	`    if(a= =1)`
6	`    if(b!=2)`
7	`    if(c= =3) d=1;`
8	`        else d=2;`
9	`    else if(c!=3) d=3;`
10	`        else d=4;`
11	`    else d=5;`
12	`    printf("%d\n ",d);`
13	`    return 0;`
14	`}`

5. 以下程序运行后的输出结果是＿＿＿＿＿＿＿。

```
1   #include <stdio.h>
2   int main()
3   {
4       int x=1,y=0,a=0,b=0;
5       switch(x)
6       {
7           case 1:
8               switch(y)
9               {   case 0: a++;break;
10                  case 1: b++;break;
11              }
12          case 2: a++; b++; break;
13          case 3: a++; b++;
14      }
15      printf("a=%d,b=%d\n",a,b);
16      return 0;
17  }
```

三、编程题

1. 从键盘上输入 3 个整数，输出其中的最大值。

2. 从键盘输入一个点的坐标，输出该点所在的位置。如输入坐标(2，−4)应给出的判断为该点在第四象限，而点(0，−3)在 Y 轴的负半轴上。

3. 企业发放的奖金根据利润提成而定。当利润(i)低于或等于 10 万元时,奖金可提 10%；当利润高于 10 万元而低于 20 万元时，低于 10 万元的部分按 10%提成，高于 10 万元的部分按 7.5%提成；当利润在 20 万元到 40 万元之间时，高于 20 万元的部分可提成 5%；当利润在 40 万元到 60 万元之间时，高于 40 万元的部分可提成 3%；当利润在 60 万元到 100 万元之间时，高于 60 万元的部分可提成 1.5%；当利润高于 100 万元时，高于 100 万元的部分按 1%提成。从键盘输入当月利润 i，求应发放的奖金总额。

4. 编写一个程序，输入某年某月某日，判断这一天是该年的第几天。

5. 编写一个程序，输入 3 个整数 x、y、z，将这 3 个数由小到大输出。

6. 输入一个不多于 5 位的正整数，要求输出：

(1) 它是几位数。

(2) 逆序打印出各位数字。

7. 输入一个整数，判断其是奇数还是偶数。

8. 用户输入一个字符，判断该字符是否为一个字母。

项目 4 大量数据求和

4.1 项 目 要 求

(1) 了解复合赋值运算符。

(2) 掌握 ++ 和 -- 的使用。

(3) 理解大量数据求和的方法。

(4) 掌握循环结构 for、while、do-while 语句。

(5) 了解 break 和 continue 语句的使用。

(6) 了解结构化程序设计的概念。

4.2 项 目 描 述

本项目完成大量数据的计算。任意输入 10 个数据，求出其和值以及平均值。程序运行如下：

> 本程序完成任意输入 10 个数据，求和并计算平均值。
> 请输入 10 个数据。
> 请输入一个整数：**78**↵
> 请输入一个整数：**67**↵
> 请输入一个整数：**86**↵
> 请输入一个整数：**53**↵
> 请输入一个整数：**70**↵
> 请输入一个整数：**120**↵
> 请输入一个整数：**59**↵
> 请输入一个整数：**23**↵
> 请输入一个整数：**47**↵
> 请输入一个整数：**94**↵
> 10 个数的总和是：697
> 其平均值为：69.7

4.3　完成大量数据求和

对于求 3 个数据的和，我们根据程序 add2-3.c 的思路可以假设 3 个变量，然后依次输入 3 个数据，最后求和，5 个数据也可以采用同样的方法，但是 10 个数据求和的程序就显得有些长，而求 100 个数据的和则需要 100 个变量，程序会非常长，若要求 1000 个数据的和，按照程序 add2-3.c 的方法则需要写 50 多页重复而冗长的程序。由此可见，我们需采用另外一种思路来解决大量数据求和的问题，但是在这之前，先来学习与之有关的运算符内容。

4.3.1　复合赋值运算符

对于大量数据的求和，我们关心的是最后的总和，而对于每一次输入的数据是多少并不关心。当输入一个数据后，只需要知道总和 total 是多少就可以了，所以可以只用一个变量 num 来存储当前输入的数据，每次输入一个数据后都把 num 加到总和 total 中，即用式子 "total=total+num；" 来求总和。

式子 "total=total+num；" 表示把当前的 total 和 num 数值相加，然后重新赋值给 total，赋值后，total 就是先前的总和加上 num 后的数值。

对于赋值运算符 "="，注意与数学上的式子 x=x+y 相区别。在数学上，只有 y 的数值是 0，式子才能成立；而在 C 语言中，赋值运算符是一个主动的动作，把右边的数值赋给左边的变量。首先取出 x 和 y 的数值，把这两个数值相加，然后再把和值赋值给 x。

若当前 total 的数值是 124，而 num 的数值是 20，则 total=total+num，首先从 total 中取出数值 124，然后再从 num 变量中取出数值 20，把 124 和 20 相加，得到结果 144，然后把结果 144 重新赋值给 total，于是 total 的数值从 124 变成了 144。

在程序设计中，把变量运算后又赋值给其本身的操作非常多，如：

```
total=total + num;

total=total – num;

total=total * num;

total=total / num;
```

为了提高运行效率、节约计算时间，C 语言设置了一种特殊的运算符，把赋值运算符和其他的运算符写在一起，构成了复合赋值运算符。复合赋值运算符有很多，如 +=、–=、*=、/=、%=、<<=、>>=、&=、∧=、|= 等。其中

total +=num	相当于	total=total + num;
total –=num	相当于	total=total – num;
total *=num	相当于	total=total * num;
total /=num	相当于	total=total / num;
total%=num	相当于	total=total % num;

<<、>>、&、∧及| 是位运算符，关于位运算符，我们将在项目 10 中讲解。

4.3.2　自增和自减运算符

　　除了复合赋值运算符外，C 语言还有另外两个用途非常广泛的操作：变量本身加 1 或者减 1，同时 C 语言也为这两种操作设置了两个运算符：自增运算符 ++ 和自减运算符 --。其中，x++ 相当于 x=x+1，而 x-- 相当于 x=x-1，作用是使变量 x 本身的数值增加 1 或者减少 1。

　　自增和自减运算符有两种使用方式，一种是放在变量的后面，x++；另一种是放在变量的前面，++x。对于这两种使用方式，需要加以区分。

　　(1) x++：先参与其他运算，然后再使变量自增 1。

　　(2) ++x：先使变量自增 1，然后再参与其他运算。

　　为了进一步说明，我们假设定义了两个变量：

　　　　int a, x;

并且 x=3，分别进行下列运算：

　　(1) a=x++;

　　这里的其他运算就是赋值运算符 "="。首先参与其他运算，a=x，a 的值是 3，然后再使变量 x 自增，变成 4。最后的结果是 a=3，x=4。

　　(2) a=++x;

　　首先使变量 x 自增 1，然后再进行赋值运算 a=x，最后的结果是 a=4，x=4。

　　例 4-1　若初始值 int a=8,x=9;则执行以下语句后，a、x 的数值是多少？

　　(1) a=x++;　　//a=_____, x=_____

　　(2) a=x--;　　//a=_____, x=_____

　　(3) a=++x;　　//a=_____, x=_____

　　(4) a=--x;　　//a=_____, x=_____

4.3.3　重复多次操作

　　我们想象一个情景，如果没有计算机，依次说出 10 个数：8，12，3，23，…，如何来计算它们的和？可以先把听到的数字记下来，最后将它们加起来，这就是例 2-4 使用的方法，尽管这样可以得到结果，但不是最佳的。我们还可以在听到数字的同时将它们加起来，8 加 12 等于 20，20 加 3 等于 23，23 加 23 等于 46……。这样不用单独保存每一个数据，只需要存储当前的和，当听到最后一个数字时，也就算出了 10 个数的总和。

　　如果采用后一种方法，就只需要两个变量，一个存储读入的数值，另一个保存当前的和，每读入一个数据，就把它加入到和值中，这样可以只声明两个变量，即

　　　　int　total, num;

每当需要输入一个变量时，就执行如下的操作：

　　(1) 提示用户输入一个整数，并将数值保存在变量 num 中。

　　(2) 将 num 的数值加入到保存当前和的变量 total 中。

这样可以得到如下的程序段：

1	printf("请输入一个整数：");
2	scanf("%d",&num);

3	total+=num;
4	

如果我们把这些语句重复 10 次，即可得到 10 个数据的和。那么如何把一些语句重复10 次呢？这就需要用到控制语句。所谓的控制语句，就是能够控制其他语句执行次序或者是否执行的语句。我们在项目 2 中所看到的程序，所有的语句都是按顺序执行的，即从第一条语句开始执行，直到最后一条语句结束。然而当我们需要解决一些复杂的问题时就会发现，严格的顺序执行是远远不够的。

让一个操作重复执行 10 次，在 C 语言程序里面可以用 for 语句。我们将在后续的课程里讨论 for 语句的详细内容，在这里先学习使用 for 语句让操作重复 N 次的方法：

1	for(i=0;i<N;i++)
2	{
3	要重复的语句;
4	}

在这个结构中，N 代表要重复的次数，如用 10 代替 N，则大括号里的内容将被重复执行 10 次。于是求 10 个数的和，可以使用如下的代码：

1	for(i=0;i<10;i++)
2	{
3	printf("请输入一个整数：");
4	scanf("%d",&num);
5	total+=num;
6	}
7	

在 C 语言中，控制语句由两部分构成：控制行和主体。

(1) 控制行。控制语句产生控制作用的一行称为控制行，一般为控制语句的第一行。它以标识语句的关键字开始，包含了产生控制操作的信息。在 for 语句中，控制行为

　　　　for(i=0; i<N; i++)

这一行用来控制大括号里的语句将要被执行的次数。

(2) 主体。大括号里的语句称为主体。在 for 语句中，这些语句将要重复执行指定的次数。为了便于读写程序，主体内的每一条语句仍然只写一行，并且一般都比控制行多缩进四个空格，这样控制语句的控制范围就一目了然了。

在概念上，控制行和主体是独立的，可以把任何的语句放入控制语句的主体中，因此，for 语句可以执行任何重复的操作。如：

1	for(i=0;i<100; i++)
2	{
3	printf("缤纷 ");
4	}

这样就可以把"缤纷"输出 100 遍。

4.3.4 循环和循环变量

在 C 语言中，我们把重复执行的操作称为循环。循环这个名词来源于早期的计算机编程，早期计算机是通过带孔的纸带向计算机输入程序的，程序员把想要重复执行的部分首尾粘在一起，纸带转了一圈又从头进入计算机中，于是就构成了循环。循环内的所有语句被执行了一遍，称为一个周期。如图 4-1 所示为第一代计算机"哈维尔-德卡特伦"(也被称为"WITCH")，图 4-2 是带孔的纸带。

图 4-1 程序员在"哈维尔-德卡特伦"旁边查看纸带

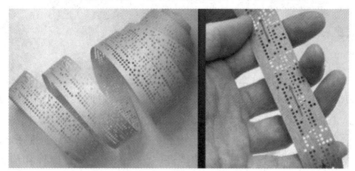

图 4-2 纸带

在 for 语句中，控制行中的 i 称为循环变量，也称为下标变量。i 控制着循环执行的次数。i=0 时，执行了一遍循环内的所有语句，然后 i 值变为 1，再次执行一遍循环内的所有语句；然后 i 变成了 2……如此往复，直到 i<100 不成立为止。即在 for 语句中，i 的数值从 0 变到了 99，都执行了一次循环周期，共执行了 100 次。

当然，我们可以设置 i 的初始值，如：

```
1   for(i=1; i<=100; i++)
2   {
3       printf("缤纷  ");
4   }
5
```

i 从 1 开始，到 100 结束，执行了 100 次循环周期。下面的语句执行了 10 次循环周期。

```
1    for(i=3;i<=13;i++)
2    {
3        printf("缤纷 ");
4    }
5
```

在这个 for 语句中，我们使用变量 i 来对循环的周期数进行计数，当然也可以使用其他的变量。在 C 语言的编程中，一般使用 i 作为循环变量，程序员在看到 i 后会自然地把它看作循环变量而不过多地关注它，因此我们也遵从这种习惯，使用 i 作为循环变量。使用变量时必须进行定义，可以把 i 跟 total 和 num 一起定义，即

    int   total, num, i;

在程序设计中，循环变量 i 的数值习惯上从 0 开始计数，所以我们在编写程序时最好遵从这个习惯，除非在循环周期内必须使用循环变量，而循环不允许从 0 开始计数。

4.3.5 循环中的初始值

利用程序段

```
1    for(i=0; i<10; i++)
2    {
3        printf("请输入一个整数： ");
4        scanf("%d", &num);
5        total+=num;
6    }
```

可以实现 10 个数的相加。如输入一个数据 124，则 total 会把其原先的值 100 和 124 相加，得到新的值 224，然后再次输入一个数值 23，则 total 会把 224 和 23 相加，得到了新的数值 247。但是这里有一个问题，total 在最开始的时候数值是多少呢？在 for 语句开始之前，total 必须有一个初始值，而且这个初始值相当重要。很明显，要计算和值，total 在输入数据之前的数值只能是 0。我们需要在 for 语句的前面加上一句：

    total=0;

下面是求 10 个数和值的完整程序。

例 4-2 求 10 个数的和值。

```
1    /*=============================================
2    *程序名称：ex4_2.c
3    *程序功能：完成 10 个数据的求和。
4    =============================================*/
5    #include <stdio.h>
6    #include<stdlib.h>
7
```

```
8      /*========
9      *常量声明
10     *========
11     *Number: 需要计算的数据个数
12     */
13     #define Number 10
14
15     /*主函数*/
16     int main()
17     {
18         int total,num,i;
19         printf("本程序完成任意输入%d 个数据，求和值。\n",Number);
20         printf("请输入%d 个整数\n",Number);
21         total=0;
22         for(i=0;i<Number;i++)
23         {
24             printf("请输入一个整数: ");
25             scanf("%d",&num);
26             total+=num;
27         }
28         printf("%d 个数的总和是:%d\n",Number,total);
29         return 0;
30     }
```

此程序的运行结果如下：

```
本程序完成任意输入 10 个数据，求和值。
请输入 10 个数据。
请输入一个整数：78↵
请输入一个整数：67↵
请输入一个整数：86↵
请输入一个整数：53↵
请输入一个整数：70↵
请输入一个整数：120↵
请输入一个整数：59↵
请输入一个整数：23↵
请输入一个整数：47↵
请输入一个整数：94↵
10 个数的总和是：697
```

这个程序求出了 10 个数的和，然后再求平均值。假设用一个变量 average 来保存平均

值，因为 average 可能是一个小数，所以定义 average 为实型数据，即

　　　　float average;

　　在利用 for 语句求出 10 个数据的和 total 后，使用式子

　　　　average=total/10;

求出平均值 average，即可得到如下程序。

【练习 4-1】　求 10 个数的平均值。在横线上填写求平均值的语句。

```
1    /*================================================
2    *程序名称: tr4_1.c
3    *程序功能: 完成 10 个数据求平均值。
4    ================================================*/
5    #include <stdio.h>
6    #include<stdlib.h>
7    /*========
8    *常量声明
9    *========
10   *Number: 需要计算的数据个数
11   */
12   #define Number 10
13
14   /*主函数*/
15   int main()
16   {
17       int total,num,i;
18       float average;
19       printf("本程序完成任意输入%d 个数据，求和值。\n",Number);
20       printf("请输入%d 个整数\n",Number);
21       total=0;
22       for(i=0;i<Number;i++)
23       {
24          printf("请输入一个整数: ");
25          scanf("%d",&num);
26          total+=num;
27       }
28   //在横线上填写求平均值的语句

29       _____
30       printf("%d 个数的总和是:%d\n",Number,total);
31       printf("其平均值为:%g\n",average);
32       return 0;
33   }
```

程序运行的结果如下：

> 本程序完成任意输入 10 个数据，求和值。
>
> 请输入 10 个数据。
>
> 请输入一个整数：**78**↵
>
> 请输入一个整数：**67**↵
>
> 请输入一个整数：**86**↵
>
> 请输入一个整数：**53**↵
>
> 请输入一个整数：**70**↵
>
> 请输入一个整数：**120**↵
>
> 请输入一个整数：**59**↵
>
> 请输入一个整数：**23**↵
>
> 请输入一个整数：**47**↵
>
> 请输入一个整数：**94**↵
>
> 10 个数的总和是：697
>
> 其平均值为：69.7

4.3.6 define 的用法

#define 命令是 C 语言中的一个宏定义命令，它用来将一个标识符定义为一个字符串，该标识符被称为宏名，被定义的字符串称为替换文本。程序 ex4-2.c 中的语句 #define Number 10 定义了一个标识符"Number"代替"10"这个字符，那么在程序中所有使用"Number"的地方都会被预处理程序替换为"10"，即

        for(i=0; i<Number; i++)

相当于

        for(i=0; i<10; i++)

利用预处理命令 define 有以下两个好处：

(1) 含义清晰，方便程序阅读。在程序中遇到 Number，程序员就会知道这是要输入数据的个数，很容易理解程序的意图。

(2) 方便修改。如果需要修改这个程序，求 25 个数据的和及平均值，我们只需要把语句

        #define Number 10

修改为

        #define Number 25

即可，其他地方不需要作任何的改变，大大提高了程序的可读性和可维护性。

4.4 继续讨论循环问题

循环语句就是反复地执行某一操作。在 C 语言中，除了 for 语句可以构成循环外，还可以利用 while 和 do-while 语句来构成循环。

4.4.1　for 语句

for 语句的一般形式如下:

　　　　for(表达式 1; 表达式 2; 表达式 3)

　　　　　　　语句;

其执行过程如下:

(1) 求解表达式 1。

(2) 求解表达式 2,若其值为真(值为非 0),则执行 for 语句中指定的内嵌语句,然后执行第(3)步;若为假(值为 0),则结束循环,转到第(5)步。

(3) 求解表达式 3。

(4) 返回第(2)步继续执行。

(5) 循环结束,执行 for 语句下的语句。

for 语句的执行过程如图 4-3 所示。

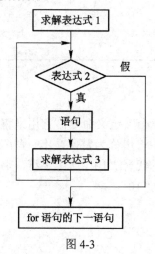

图 4-3

for 语句最简单的形式如下:

for(循环变量赋初值; 循环条件; 循环变量增值)语句;

例 4-3　用 for 语句计算 $1 + 2 + 3 + \cdots + 100$ 的和。

```
1    /*=====================================
2    *程序名称: ex4_3.c
3    *功能: 用 for 语句完成 1 + 2 + ⋯ + 100 的计算
4    =====================================*/
5    #include <stdio.h>
6    #include <stdlib.h>
7
8    int main()
9    {
10       int sum,i;
```

11	sum=0;
12	for(i=1;i<=100;i++)
13	{
14	sum+=i;
15	}
16	printf("求和的值为：%d!\n",sum);
17	return 0;
18	}

程序的运行结果如下：

```
求和的值为：5050
```

这里用 sum 来保存相加后的结果，i 既是循环变量，也是参与运算的数据。

【**练习 4-2**】 编程计算下列式子的数值。

(1) $1 + 2 + 3 + \cdots + 50$；

(2) $5 + 10 + 15 + \cdots + 100$；

(3) $1*2*3*\cdots*10$。

这三个题目的计算方法跟例 4-3 相似，都可以用 for 语句来实现。在下面的横线上填上合适的语句，分别完成这三个式子的计算。

1	/*================================
2	*程序名称：tr4_2.c
3	*功能：用 for 语句完成计算
4	================================*/
5	#include <stdio.h>
6	#include <stdlib.h>
7	
8	int main()
9	{
10	int sum,i;
11	sum=_____;
12	for(i=____; i<=____; ____)
13	{
14	_____;
15	}
16	printf("求和的值为：%d!\n", sum);
17	return 0;
18	}

4.4.2　while 语句

while 语句的一般形式如下：

　　while (表达式)

　　　　语句；

while 语句的执行过程如图 4-4 所示。

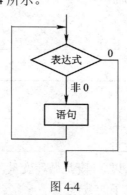

图 4-4

While 语句的特点是：先判断条件表达式，后执行循环体语句。

例 4-4　用 while 语句完成 $1 + 2 + \cdots + 100$ 的计算。

```
1   /*===============================
2   *程序名称：ex4_4.c
3   *功能：用 while 语句完成 1 + 2+ ··· + 100 的计算
4   ===============================*/
5
6   #include <stdio.h>
7
8   int main()
9   {
10      int sum,i;
11      sum=0;
12      i=1;
13      while(i<=100)
14      {
15        sum+=i;
16        i++ ;
17      }
18      printf("求和的值为：%d!\n",sum);
19      return 0;
20  }
21
```

程序运行的结果如下：

求和的值为：5050

4.4.3　do-while 语句

do-while 语句先无条件地执行循环体，然后判断循环条件是否成立。其一般形式如下：

```
do
{
    循环体语句;
}while (表达式);
```

do-whlie 语句的执行过程见图 4-5。

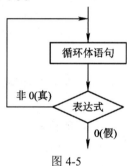

图 4-5

例 4-5　用 do-while 语句完成 $1 + 2 + \cdots + 100$ 的计算。

1	/*===============================
2	*程序名称：ex4_5.c
3	*功能：用 do-while 语句完成 $1 + 2 + \cdots + 100$ 的计算
4	===============================*/
5	
6	#include <stdio.h>
7	
8	int main()
9	{
10	
11	int sum,i;
12	sum=0;
13	i=1;
14	do
15	{
16	sum+=i;

17	i++ ;
18	}while(i<=100);
19	printf("求和的值为：%d!\n",sum);
20	return 0;
21	}

程序运行的结果如下：

> 求和的值为：5050

　　无论是什么样的循环，循环初始条件、循环体、循环条件等都是必须认真考虑的，而且要保证循环能够结束。在上述循环语句中的循环变量 i，初始值是 0，结束值是 100，每循环一次，i 的数值都会自动加 1，所以能够满足结束的条件。如果循环不能趋于结束，则循环会持续执行下去，构成"死循环"，死循环在程序设计中是不被允许的。

4.4.4　goto 语句

　　goto 语句也称为无条件转移语句，其一般形式如下：
　　　　goto 语句标号；
其中语句标号是按标识符规定书写的符号，放在某一语句行的前面，标号后加冒号(:)。
　　语句标号起标识语句的作用，与 goto 语句配合使用。如：
　　　　label: i++;
　　　　loop: while(x<7);
　　C 语言不限制程序中使用标号的次数，但各标号不得重复。goto 语句的语义是改变程序流向，转去执行语句标号所标识的语句。goto 语句通常与条件语句配合使用，可用来实现条件转移、构成循环、跳出循环体等功能。但是，在结构化程序设计中一般不主张使用goto 语句，以免造成程序流程的混乱，使理解和调试程序都产生困难。下面给出用 goto 语句完成 1 + 2 + ⋯ + 100 计算的程序。
　　例 4-6　用 goto 语句完成 1 + 2 + ⋯ + 100 的计算。

1	/*===============================
2	*程序名称：ex4_6.c
3	*功能：用 goto 语句完成 1 + 2 + ⋯ + 100 的计算
4	===============================*/
5	
6	#include <stdio.h>
7	
8	int main()
9	{
10	

11	int sum,i;
12	sum=0;
13	i=1;
14	loop：sum+=i;
15	i++ ;
16	if(i<=100)　goto loop;
17	printf("求和的值为：%d!\n",sum);
18	return 0;
19	}
20	

程序运行的结果如下：

> 求和的值为：5050

　　在结构化的程序设计中，禁止滥用 goto 语句，除非使用 goto 语句后能够使程序效率得到大大的提升，譬如直接跳出多重循环等情况。所以，在学习 C 语言编程时，尽量不要使用 goto 语句，应使用 for、while 或者 do-while 语句来构成循环。

4.5　特殊情况下的循环

4.5.1　循环嵌套

　　一个循环体内包含另一个完整的循环结构，称为循环的嵌套。内嵌的循环中还可以嵌套循环，这就是多层循环。三种循环(while 循环、do-while 循环和 for 循环)可以互相嵌套。
　　例 4-7　嵌套循环。

1	/*================================
2	*程序名称：qiantao.c
3	*功能：演示循环嵌套时循环体的执行次数
4	================================*/
5	#include <stdio.h>
6	#include <stdlib.h>
7	
8	int main()
9	{
10	int i,j,m;
11	m=0;

12	for(i=0;i<4;i++)
13	{　for(j=0;j<5;j++)
14	{　m++;
15	}
16	}
17	printf("m 的数值是：%d\n",m);
18	return 0;
19	}
20	

程序运行的结果如下：

```
m 的数值是：20
```

对于循环变量 j 来说，循环体是 m++，于是 j 从 0 变化到 4，共执行循环体 5 次，m 一共自加了 5 次，这是内部循环。同时，i 控制着外部循环，内部循环作为外部循环的循环体，i 从 0 变化到 3，共执行循环体 4 次。对于循环变量 i 来说，循环体又是一个循环，所以 i 每变化一次，j 都从 0 变化到 4，执行了 5 次 m++，这样 m++ 一共执行了 $4 \times 5 = 20$ 次，m 最后的数值也就是 20。

【练习 4-3】　下面的程序段中，m++ 一共执行了多少次？

1	for(i=1; i<=2; i++)
2	for(j=1; j<=3; j++)
3	for(k=1; k<=4; k++)
4	m++;
5	

答：m++; 语句一共执行了_____次。

4.5.2　推动循环继续下去

循环语句要能执行下去，必须有一个初始值，然后每次执行完循环体后还要把下一次循环需要用到的数据准备好。为了循环能够结束，还要记录循环次数。如求 $1 + 2 + \cdots + 100$ 的和，变量 sum 保存了和值，i 保存了每次要加的数值，语句 sum +=i; 每执行一次，都把 i 加到和值中。初始值 i=1，执行语句 sum += i; 把 1 加到和值 sum 中。然后执行 i++，i 的值变成了 "2"，准备好下一次要加的数（"2"），再次执行 sum += i，把第二个数（"2"）加到总和中。执行 i++，i 的值变成了下一次的数（"3"），再次执行 sum += i，把第三个数（"3"）加到总和中。如此反复，就可以一直加到 100。

例 4-8　求 sum = 2 + 22 + 222 + 2222 + … + 22222222 (最后一个数 8 个 2)的值。

这是一个求和运算，每次执行运算 sum+=s;，其中，s 的初始值为 2。可以用 s=10*s+2

求得第二个 s 的值 22。最后一个数是 8 个 2，一共需要循环 8 次。程序代码如下：

```
1    /*==========================================
2    *程序名称：ex4_8.c
3    *程序功能：求 sum = 2 + 22 + 222 + 2222 + … +
4    *                 22222222(最后一个数 8 个 2)
5    ==========================================*/
6
7    #include <stdio.h>
8    #include <stdlib.h>
9
10   int main()
11   {
12       int i;
13       int s=2;
14       int sum=0;
15       for(i=0; i<8; i++)
16       {
17           sum +=s;
18           s=10*s+2;
19       }
20       printf("求和的值为：%d\n", sum);
21
22       return 0;
23   }
24
```

程序运行的结果如下：

求和的值为：24691356

例 4-8 中，i 作为循环变量，for(i=0; i<8; i++)控制循环执行了 8 次，循环体语句 sum +=s; 执行了 8 次。s 的初始值是 2，每次把 s 加到和值 sum 中之后，执行完 s=10*s+2; 语句后，s 的数值就变成了下一个加数。下面例 4-9 中需要准备的下一个数则更加复杂一些。

例 4-9　有一分数数列：$\dfrac{2}{1}, \dfrac{3}{2}, \dfrac{5}{3}, \dfrac{8}{5}, \dfrac{13}{8}, \dfrac{21}{13}$…，求出这个数列的前 20 项之和。

这是一个求和的题，每个加数都是分数，第一个分数的分子是 2，分母是 1，后一个分数的分母是前一个分数的分子，后一个分数的分子是前一个分数的分子与分母之和。要求前 20 项的和，则循环需执行 20 次。程序代码如下：

```
1    /*====================================================
2    *程序名称：ex4_9.c
3    *功能：计算数列前 20 项之和
4    ====================================================*/
5    #include <stdio.h>
6    #include <stdlib.h>
7    int main()
8    {
9        int i,a=2,b=1,t;
10       float s=2,sum=2;
11       for(i=0;i<20;i++)
12       {
13           sum+=s;
14           //求下一个分数值
15           t=a;
16           a=t+b;
17           b=t;
18           s=(float)a/b;
19       }
20       printf("sum=%.3f\n",sum);
21       return 0;
22   }
23
```

程序运行的结果如下：

```
sum=34.660
```

本例中，编写循环程序需要抓住四个内容：初始状态、循环体、给下次循环准备数据、控制循环次数。控制行 for(i=0; i<20; i++)保证了循环 20 次。a=2, b=1; s=2, sum=2; 设置了初始状态。sum+=s; 是循环体。而语句段

```
1    t=a;
2    a=t+b;
3    b=t;
4    s=(float)a/b;
5
```

则计算出了下一个分数值。

在例 4-8、例 4-9 两个例题中，循环要能够继续，都需要设置四个部分：设置初始状态、

循环体、给下次循环准备数据、控制循环次数。每一步的复杂程度不一样，使用的语句也不一样。

4.5.3 提前结束循环

在 switch 结构中可以使用 break 来跳出其结构，继续执行后续的语句。break 也可以用于循环语句。在执行循环语句时，正常情况下只要满足给定的循环条件，就应当一次一次地执行循环体，直到不满足给定的循环条件为止。但在某些情况下需要提前结束循环，C 语言中，可以使用 break 和 continue 来提前结束循环。

break 语句的一般形式如下：

    break;

其作用为结束整个循环，继续执行循环后面的程序。

continue 语句的一般形式如下：

    continue;

其作用为结束本次循环，即跳过循环体中尚未执行的语句，接着进行下一次是否执行循环的判断。

continue 语句和 break 语句的区别如下：

(1) continue 语句只结束本次循环，而不终止整个循环的执行。

(2) break 语句结束整个循环过程，不再判断执行循环的条件是否成立。

下面通过几个例子来讲解 break 和 continue 的区别。

例 4-10 依次输出 1~10。

```
1   /*==============================
2   *程序名称：ex4_10.c
3   *功能：依次输出 1~10
4   *
5   ==============================*/
6   #include <stdio.h>
7   #include <stdlib.h>
8
9   int main()
10  {
11      int i;
12      for(i=1;i<=10;i++)
13      {
14          printf("%4d",i);
15      }
16      printf("\n");
17      return 0;
18  }
```

程序运行的结果如下:

```
1   2   3 4 5 6 7 8 9  10
```

我们在程序中插入一个 break 语句, 使程序提前结束, 只输出 1　2　3。

例 4-11　break 的用法。

```
1    /*================================
2    *程序名称: break.c
3    *功能: 演示 break 的用法。
4    *        break 语句结束整个循环过程,
5    *        不再判断执行循环的条件是否成立
6    =================================*/
7    #include <stdio.h>
8    #include <stdlib.h>
9
10   int main()
11   {
12       int i;
13       for(i=1;i<=10;i++)
14       {
15           if(4= =i)
16               break;
17           printf("%4d",i);
18       }
19       printf("\n");
20       return 0;
21   }
```

程序运行的结果如下:

```
1   2   3
```

如果我们把 break 换为 continue, 则输出结果就变成了输出 1　2　3　5　6　7　8　9　10, 没有输出 4。

例 4-12　continue 的用法。

```
1    /*================================
2    *程序名称: continue.c
3    *功能: 演示 continue 的用法。
```

```
4     *        continue 语句结束本次循环，
5     *        而不是终止整个循环的执行
6     ===============================*/
7     #include <stdio.h>
8     #include <stdlib.h>
9
10    int main()
11    {
12        int i;
13        for(i=1;i<=10;i++)
14        {
15            if(4= =i)
16                continue;
17            printf("%4d",i);
18        }
19        printf("\n");
20
21        return 0;
22    }
23
```

程序运行的结果如下：

```
1  2  3  5  6  7  8  9  10
```

break 在 switch 结构中的作用是让每个测试条件只执行特定的语句，同时 break 也可以用于在循环结构中提前结束循环。break 不能用于除 switch 和循环结构之外的其他结构中，而 continue 只能用于循环结构中。

4.6　结构化程序设计

项目 1、2 中介绍的程序都是顺序执行的，项目 3 中讲解了选择结构，项目 4 介绍了循环。C 语言是一门结构化的程序设计语言，本节将简单介绍结构化程序设计(structured programming)的概念、方法等。

4.6.1　结构化程序设计的概念

结构化程序设计是以模块功能和处理过程设计为主的详细设计的基本原则。其概念最早由 E.W.Dijikstra 在 1965 年提出，是软件发展的一个重要的里程碑。它的主要观点是采用自顶向下、逐步求精及模块化的程序设计方法；使用三种基本控制结构构造程序，任何程序都可由顺序、选择、循环三种基本控制结构构造。结构化程序设计主要强调的是程序的易读性。

结构化程序设计曾被称为软件发展中的第三个里程碑。该方法的要点如下：

(1) 主张使用顺序、选择、循环三种基本结构来嵌套连接成具有复杂层次的"结构化程序"，严格控制 goto 语句的使用。用这样的方法编出的程序在结构上具有以下效果：

① 以控制结构为单位，只有一个入口、一个出口，所以能独立地理解这一部分。

② 能够以控制结构为单位，从上到下顺序地阅读程序文本。

③ 由于程序的静态描述与执行时的控制流程容易对应，所以能够方便正确地理解程序的动作。

(2) "自顶而下，逐步求精"的设计思想，其出发点是从问题的总体目标开始，抽象低层的细节，先专心构造高层的结构，然后再一层一层地分解和细化。这使设计者能把握主题，高屋建瓴，避免一开始就陷入复杂的细节中，使复杂的设计过程变得简单明了，过程的结果也容易做到正确可靠。

(3) "独立功能，单出、入口"的模块结构，减少模块的相互联系，使模块可作为插件或积木使用，降低程序的复杂性，提高可靠性。编写程序时，所有模块的功能通过相应子程序(函数或过程)的代码来实现。程序的主体是子程序层次库，它与功能模块的抽象层次相对应，编码原则使得程序流程简洁、清晰，增强可读性。

其中(1)、(2)是解决程序结构的规范化问题；(3)是解决将大化小、将难化简的求解方法问题。

4.6.2　结构化程序设计的基本结构

结构化程序设计的三种基本结构是顺序结构、选择结构和循环结构。

1. 顺序结构

顺序结构表示程序中的各个操作是按照它们出现的先后顺序执行的。

2. 选择结构

选择结构表示程序的处理步骤出现了分支，它需要根据某一特定的条件选择其中的一个分支执行。选择结构有单选择、双选择和多选择三种形式。

3. 循环结构

循环结构表示程序反复执行某个或某些操作，直到某个条件为假(或为真)时才可终止循环。循环结构中最主要的是：什么情况下执行循环，哪些操作需要循环执行。循环结构的基本形式有两种：当型循环和直到型循环。

(1) 当型循环：表示先判断条件，当满足给定的条件时执行循环体，并且在循环终端处，流程自动返回到循环入口；如果条件不满足，则退出循环体直接到达流程出口处。因为是"当条件满足时执行循环"，即先判断后执行，所以称为当型循环，如 whlie 结构。

(2) 直到型循环：表示从结构入口处直接执行循环体，在循环终端处判断条件，如果条件不满足，就返回入口处继续执行循环体，直到条件为真时再退出循环到达流程出口处，即先执行后判断。因为是"直到条件为真时为止",所以称为直到型循环,如 do-while 结构。

4.6.3　结构化程序设计的原则

1．自顶向下

程序设计时,应先考虑总体,后考虑细节;先考虑全局目标,后考虑局部目标。不要一开始就过多追求众多的细节,应先从最上层总目标开始设计,逐步使问题具体化。

2．逐步细化

对于复杂问题,应设计一些子目标作为过渡,逐步细化。

3．模块化设计

一个复杂问题是由若干稍简单的问题构成的。模块化就是把程序要解决的总目标分解为子目标,再进一步分解为具体的小目标。每一个小目标称为一个模块。

4.6.4　结构化程序设计的特点、优点和缺点

1．特点

结构化程序中的任一基本结构都具有唯一入口和唯一出口,并且程序不会出现死循环,在程序的静态形式与动态执行之间具有良好的对应关系。

2．优点

由于模块相互独立,因此在设计其中一个模块时,不会受到其他模块的影响,因而可将原来较为复杂的问题化简为一系列简单模块的设计。模块的独立性还为扩充已有的系统、建立新系统带来了不少方便,因为我们可以充分利用现有的模块做积木式的扩展。

按照结构化程序设计的观点,任何算法功能都可以通过三种基本程序结构(顺序结构、选择结构和循环结构)的组合来实现。

结构化程序设计的基本思想是采用"自顶向下、逐步求精"的程序设计方法和"单入口、单出口"的控制结构。"自顶向下、逐步求精"的程序设计方法从问题本身开始,经过逐步细化,将解决问题的步骤分解为由基本程序结构模块组成的结构化程序框图;"单入口、单出口"的思想认为一个复杂的程序如果仅是由顺序、选择和循环三种基本程序结构通过组合、嵌套构成的,那么这个新构造的程序一定是一个单入口、单出口的程序。据此就很容易编写出结构良好、易于调试的程序。

结构化程序设计的优点集中体现为以下几点:

(1) 整体思路清楚,目标明确。

(2) 设计工作中的阶段性非常强,有利于系统开发的总体管理和控制。

(3) 在系统分析时可以诊断出原系统中存在的问题和结构上的缺陷。

3．缺点

结构化程序设计存在以下缺点:

(1) 用户要求难以在系统分析阶段准确定义,致使系统在交付使用时产生许多问题。

(2) 用系统开发每个阶段的成果来进行控制，不能适应事物变化的要求。

(3) 系统的开发周期长。

4.7　总　　结

赋值运算符可以和其他运算符进行组合，构成复合赋值运算符。复合赋值运算符有很多，如 +=、–=、*=、/=、%=、<<=、>>=、& =、∧=、| = 等。其中，total + = num 相当于 total = total + num。

除了复合赋值运算符外，C 语言还有另外两个用途非常广泛的运算符：自增运算符++ 和自减运算符 ––。自增和自减运算符有两种使用方式，一种是放在变量的后面，如 x++；另一种是放在变量的前面，如 ++x。对于这两种使用方式，需要加以区分。

(1) x++：先参与其他运算，然后再使变量自增 1。

(2) ++x：先使变量自增 1，然后再参与其他运算。

在 C 语言中，我们把重复执行的操作称为循环，可以用 for、while 和 do-while 语句来实现循环。在使用循环语句时，需要注意三点：循环初始值、循环次数和循环体。在循环语句中，经常会用到复合赋值运算符和自增、自减运算符。

break 和 continue 都可以用来结束循环，不同的是 continue 语句只结束本次循环，而不终止整个循环的执行；break 语句结束整个循环过程，不再判断执行循环的条件是否成立。continue 只能用于循环结构中，而 break 除用于循环结构之外还可以用于 switch 结构中。

顺序、选择、循环是结构化程序设计的三种基本结构，任何复杂的结构都可以由这三种基本结构嵌套组合而成。每个结构中只有一个入口、一个出口，可以很清晰地看到程序的流程，能够方便正确地理解程序的动作；采用"自顶向下、逐步求精"的设计思想，程序设计从问题的总体目标开始，先专心构造高层结构，然后再一层一层地分解和细化。这使得程序设计者能把握主题，高屋建瓴，避免一开始就陷入复杂的细节中，使复杂的设计过程变得简单明了，结果也容易做到正确可靠。在程序设计中，需要很好地理解和把握这三种基本结构。

4.8　习　　题

一、选择题

1. 有以下程序：

```
1    #include <stdio.h>
2    int main()
3    {
4        int n=2,k=0;
5        while(k++&&n++>2);
```

6	printf("%d%d\n",k,n);
7	return 0;
8	}
9	

程序运行后的输出结果是(　　)。

　　A．02　　　　　　B．13　　　　　　C．57　　　　　　D．12

2．有以下程序：

1	#include <stdio.h>
2	int main()
3	{
4	int x=8;
5	for(;x>0;x--)
6	{
7	if(x%3)
8	{
9	printf("%d,",x--);
10	continue;
11	}
12	printf("%d,",--x);
13	}
14	return 0;
15	}

程序运行后的输出结果是(　　)。

　　A．7，4，2，　　　　　　　　B．8，7，5，2

　　C．9，7，6，4　　　　　　　　D．8，5，4，2

3．以下不能构成无限循环的语句或语句组是(　　)。

　　A．n=0;　　　　　　　　　　　B．n=0;
　　　　do{ ++n;}while(n<=0);　　　　　while(1){n++;}

　　C．n=10;　　　　　　　　　　D．for(n=0, i=1;;i++)
　　　　while(n);{n--;}　　　　　　　　n+=i;

4．有以下程序：

1	#include <stdio.h>
2	int main()
3	{
4	int y=9;
5	for(;y>0;y--)
6	{
7	if(y%3= =0)

```
8              printf("%d",--y);
9          }
10         return 0;
11     }
12
```

程序运行后的输出结果是(　　)。

  A. 741   B. 963   C. 852   D. 875421

  5. 设有以下程序段:

```
1      int x=0,s=0;
2      while(!x!=0)
3         s+=++x;
4      printf("%d",s);
5
```

以下说法正确的是(　　)。

    A. 运行程序段后输出 0   B. 运行程序段后输出 1
    C. 程序段中控制表达式是非法的   D. 程序段被执行无限次

  6. 有以下程序:

```
1      #include <stdio.h>
2      int main()
3      {
4          int i=5;
5          do
6          {
7              if(i%3= =1)
8                  if(i%5= =2)
9                  {
10                     printf("*%d",i);
11                     break;
12                 }
13             i++;
14         }while(i!=0);
15         return 0;
16     }
17
```

程序运行后的输出结果是(　　)。

  A. *7   B. *5   C. *3*5   D. *2*6

  7. 有以下程序:

```
1    #include <stdio.h>
2    int main()
3    {
4        char cs;
5        while((cs=getchar())!='\n')
6        {
7            switch(cs-'2')
8            {
9                case 0:
10               case 1:putchar(cs+4);
11               case 2:putchar(cs+4) ;break;
12               case 3:putchar(cs+3);
13               default :putchar(cs+2);
14           }
15       }
16
17       return 0;
18   }
19
```

若程序执行后输入"2473",则输出结果是(   )。

    A．668977   B．668966   C．6677877   D．6688766

    8．有以下程序：

```
1    #include <stdio.h>
2    int main()
3    {
4        int k=5,n=0;
5        do
6        {
7            switch(k)
8            {
9                case 1:
10               case 3: n+=1; k--; break;
11               default:   n=0;k--;
12               case 2:
13               case 4:   n+=2; k--; break;
14           }
15           printf("%d",n);
16       } while( k>0 && n<5);
```

17	
18	return 0;
19	}
20	

程序运行后的输出结果是( )。

　　A. 235　　　　　　　B. 0235　　　　C. 02356　　　D. 2356

9. 有以下程序:

```
#include <stdio.h>
int main()
{
    int a,b;
    for(a=1,b=1;a<=10;a++)
    {
        if(b%3==1)
        {
            b+=3;
            continue;
        }
        b-=5;
    }
    printf("%d\n",a);
    return 0;
}
```

程序运行后的输出结果是( )。

　　A. 7　　　　　　　B. 8　　　　　　C. 9　　　　　　D. 11

10. 有以下程序:

```
#include <stdio.h>
int main()
{
    int i,j,x=0;
    for(i=0;i<2;i++)
    {
        x++;
        for(j=0;j<=3;j++)
        {
            if(j%2) continue;
            x++;
```

```
12              }
13          x++;
14      }
15      printf("x=%d\n",x);
16
17      return 0;
18  }
19
```

程序运行后的输出结果是(　　)。

　　A．x=4　　　　　　B．x=6　　　　　C．x=8　　　　　D．x=12

二、填空题

1．有以下程序段，且变量已正确定义和赋值：

```
1      for(s=1.0, k=1;k<=n;k++)
2          s=s+1.0/(k*(k+1));
3      printf("s=%f\n",s);
4
```

请填空，使下面程序段与之完全相同。

```
1      s=1.0 ; k=1;
2      while(_____)
3      {
4          s=s+1.0/(k*(k+1));
5          _____
6      }
7      printf("s=%f\n",s);
8
```

2．以下程序的运行结果是_____。

```
1   #include <stdio.h>
2   int main()
3   {
4       int i=0, j=10,k=2,s=0;
5       for( ; ; )
6       {
7           i+=k;
8           if( i>j)
9           {
10              printf("%d\n",s);
11              break;
```

12	}
13	s+=i ;
14	}
15	return 0;
16	}
17	

3. 以下程序的运行结果是_____。

1	#include <stdio.h>
2	int main()
3	{
4	int k=1,s=5;
5	do
6	{
7	if((k%2)!=0) continue;
8	s+=k; k++;
9	} while(k>10);
10	printf("s=%d",s);
11	return 0;
12	}
13	

4. 有以下程序:

1	#include <stdio.h>
2	int main()
3	{
4	int m,n;
5	scanf("%d %d",&m,&n);
6	while(m!=n)
7	{
8	while(m>n) m=m-n;
9	while(m<n) n=n-m;
10	}
11	printf("%d\n",m);
12	return 0;
13	}
14	

程序运行后，当输入 14 63<Enter>时，输出结果是_____。

5. 以下程序的运行结果是_____。

```
1   #include <stdio.h>
2   int main()
3   {
4       int f,f1,f2,i;
5       f1=0; f2=1;
6       printf("%d%d",f1,f2);
7       for(i=3;i<=5;i++)
8       {
9           f=f1+f2; printf("%d",f);
10          f1=f2;f2=f;
11      }
12      printf("\n");
13      return 0;
14  }
```

三、编程题

1. 为了在长途大巴上消磨时间，在美国长大的年轻人经常会反复地唱下面这首歌：

> 我有 99 瓶啤酒，
> 99 瓶啤酒，
> 你打开一瓶，然后喝光了它，
> 我只有 98 瓶啤酒了。

> 我有 98 瓶啤酒，
> 98 瓶啤酒，
> 你打开一瓶，然后喝光了它，
> 我只有 97 瓶啤酒了。

> 我有 97 瓶啤酒，
> ……

找到歌词的规律后，编写一个程序来生成这首歌的歌词。

2. 有一首由来已久的歌"This Old Man"，它的第一节是

> This old man，he played one.
> He played knick-knack on my jumb.
> With a knick-knack，paddywhack，
> Give a dog a bone.
> This old man came rolling home.

接下来的每一节除了第一行的数字和第二行结尾的押韵词以外都是一样的，这些押韵词分别是

2-shoe	5-hive	8-pate
3-knee	6-sticks	9-spine
4-door	7-heaven	10-shin

编写一个程序显示这首歌的所有 10 个小节。

3．Why is everything either at sixes or at sevens?

　　　　　　——Gilbert and Sullivan，H.M.S.Pinafore，1878

编写一个程序，显示 1～100 之间所有能被 6 或 7 整除的整数。

4．重做第 3 个练习，但要求程序只显示 100 以内只能被 6 或 7 整除，而不能同时被两者整除的数。

5．有 1、2、3、4 四个数字，能组成多少个互不相同且无重复数字的三位数？都是多少？

6．一个整数加上 100 后是一个完全平方数，再加上 168 又是一个完全平方数，求该数是多少? (完全平方数是另一个整数的完全平方，如 4、9、16、25 等都是完全平方数。)

7．输出 9 × 9 乘法口诀。

8．古典问题：有一对兔子，从出生后第 3 个月起每个月都生两只兔子，小兔子长到第三个月后每个月又生两只兔子，假如兔子都不死，问每个月的兔子总数为多少？

9．从键盘输入一个数，判断其是否为素数。

10．输出所有的"水仙花数"。所谓"水仙花数"是指一个三位数，其各位数字立方和等于该数本身。例如：153 是一个"水仙花数"，因为 $153 = 1^3 + 5^3 + 3^3$。

11．将一个正整数分解质因数。例如：输入 90，打印出 90 = 2*3*3*5。

12．输出 10～30 之间的所有奇数。

13．一个数如果恰好等于它的因子之和，这个数就称为"完数"，如 6 = 1 + 2 + 3。编写一个程序，要求输出 1000 以内的所有完数。

14．一个小球从 100 米的高度自由落下，每次落地后反跳回原高度的一半再落下，求它在第 10 次落地时，共经过多少米？第 10 次反弹的高度是多少？

15．猴子吃桃问题：猴子第一天摘下若干个桃子，当即吃了一半，还不过瘾，又多吃了一个，第二天早上又将剩下的桃子吃掉一半，又多吃了一个。以后每天早上都吃了前一天剩下的一半零一个。到第 10 天早上想再吃时，只剩下一个桃子了。求第一天共摘了多少个桃子。

16．从键盘输入一个整数，判断该整数是几位数。

17．输出以下的杨辉三角形(要求输出 10 行)。

```
        1
      1   1
    1   2   1
  1   3   3   1
1   4   6   4   1
1   5  10  10   5   1
```

18．编写一个程序，通过键盘输入一系列整数，直到用户输入标志值 0 为止，当用户输入标志值时，要求程序显示之前输入数据的最大值。其运行的界面如下：

本程序可以求出输入数据的最大值。

数据输入完毕后用 0 结束。

请输入数据。

请输入一个整数：**78**↵

请输入一个整数：**67**↵

请输入一个整数：**86**↵

请输入一个整数：**53**↵

请输入一个整数：**70**↵

请输入一个整数：**120**↵

请输入一个整数：**0**↵

最大的数值是：120

19. 计算 m 的 n 次方(m 和 n 都是正整数)。

20. 把一个正整数变成它的逆序数，假设 n = 3245，则其逆序数 m = 5423。

21. 判断一个数是否为回文数。设 n 是一任意自然数，若将 n 的各位数字反向排列所得的自然数 n1 与 n 相等，则称 n 为一回文数。例如，若 n = 1234321，则称 n 为一回文数；若 n = 1234567，则 n 不是回文数。

22. 求一个整数的所有因数。假如 a × b = n(a、b、n 都是整数)，那么我们称 a 和 b 就是 n 的因数。

23. 寻找两个数的所有公因数。从键盘输入两个数，输出这两个数的所有公因数。

24. 从键盘输入数字 n，输出 n 行金字塔。用"*"搭建金字塔，图 4-6 是 n = 5 时的金字塔。

25. 将 1～100 的数字以 10×10 矩阵格式输出，如图 4-7 所示。

```
         *
       * * *
     * * * * *
   * * * * * * *
 * * * * * * * * *
```

图 4-6　金字塔

```
1  11 21 31 41 51 61 71 81 91
2  12 22 32 42 52 62 72 82 92
3  13 23 33 43 53 63 73 83 93
4  14 24 34 44 54 64 74 84 94
5  15 25 35 45 55 65 75 85 95
6  16 26 36 46 56 66 76 86 96
7  17 27 37 47 57 67 77 87 97
8  18 28 38 48 58 68 78 88 98
9  19 29 39 49 59 69 79 89 99
10 20 30 40 50 60 70 80 90 100
```

图 4-7　10×10 数字矩阵

26. 五人分鱼。A、B、C、D、E 五人在某天夜里合伙去捕鱼，到第二天凌晨时都疲惫不堪，于是各自找地方睡觉。日上三竿，A 第一个醒来，他将鱼分为五份，把多余的一条鱼扔掉，拿走自己的一份。B 第二个醒来，也将鱼分为五份，把多余的一条鱼扔掉拿走自己的一份。C、D、E 依次醒来，也按同样的方法拿鱼。问他们合伙至少捕了多少条鱼? 每个人醒来时见到了多少鱼?

项目 5　成绩的计算

5.1　项 目 要 求

(1) 了解数组的概念。

(2) 掌握数组的使用方法。

(3) 理解数组元素在内存中的存放方式。

(4) 掌握冒泡排序和选择排序。

5.2　项 目 描 述

本项目的任务是编写程序完成一门课程的期末成绩计算，即对一个班级的 45 个学生的 C 语言考试成绩进行统计，计算平均分并且找出最高分和最低分。

在项目 4 中，我们列举过对 10 个数求平均数的例子，可不可以把循环次数修改为 45 次，直接借鉴过来用呢？这里需要使用循环结构 for 语句。在项目 4 中，可以不必保存从键盘上输入的每个数字，但是本项目必须保存考试的成绩，即计算完平均分后，每个人的成绩必须保留，以便登记存档。项目 4 中只使用两个变量，而本项目必须使用 45 个变量。

如果使用 45 个变量，就需要定义 45 个变量名，这是一个相当烦琐的工作。这要求我们使用一种可以存储大量的数据，却不需要定义大量变量名的方法。对于这种大量相同数据类型的数据集合，在 C 语言中使用数组来存储。

5.3　什 么 是 数 组

数组是一些独立数据的集合，它具有以下两个特征：

(1) 同质性。数组中的每个数值必须是相同的数据类型，在同一个数组中不能有两种数据类型。

(2) 有序性。对于数组中的每个数值，必须按照一定的顺序排列。

定义变量时，我们把变量看作一个方格，那么数组可以看作一系列的方格，数组中的每个数值占一个方格，数组中的每一个数值称为一个元素。

在 C 语言中，我们要建立一个新的数组，必须明确指出数组的大小(即元素的个数)和元素的类型。

5.3.1　数组声明

数组的声明格式如下：

数组基类型　数组名[元素个数]；

其中，数组基类型是指数组中存储数据的类型；数组名是指数组的名称，数组名命名需要符合标识符命名规则；元素个数是指数组中包含数据的个数。

如果要声明一个数组存储 10 个人的成绩，那么我们可以使用下面的语句：

double　score[10]；

这里声明了一个名为 score 的数组，有 10 个元素，而且每个元素都是 double 类型，如下所示：

score

0	1	2	3	4	5	6	7	8	9

在数组 score 中有 10 个元素，我们必须区分每一个元素，所以要对这些元素进行编号，这个编号称为元素的下标。在 C 语言中，下标从 0 开始编号，score 数组有 10 个元素，那么下标就是 0、1、2、3、4、5、6、7、8、9。

如果要声明一个数组存储 45 个学生的 C 语言成绩，则可以这样来声明：

double　CScore[45];

而存储 300 个学生数学成绩的数组可以这样来声明：

double MathScore[300];

这样就不需要定义那么多的变量名了。

在声明数组时，数组元素的个数必须是常量，而不能是变量。如：

int　n;

int　example[n];

这种类型的声明是不允许的。因为我们声明一个数组之后，计算机需要在内存中为数组分配内存单元，若不指定数组的个数，则计算机无法为数组分配适当的内存单元。但是我们可以这样来声明：

#define　StudentNumber　10

int　score[Number];

这里使用了宏定义，StudentNumber 不是变量，仅仅是一个符号，代表了 10 个常数。

思考：对于数组 CSore 和 MathScore，它们各有多少个元素？元素的下标是什么？元素的数据类型是什么？

5.3.2　引用数组元素

数组元素的表示形式如下：

数组名[下标]

如我们声明：

int　score[10];

则 10 个数组元素就是 score[0]、score[1]、score[2]、score[3]、score[4]、score[5]、score[6]、score[7]、score[8]、score[9]。

要对数组元素进行赋值，直接采用赋值运算符即可。

如有如下语句：

score[0]=4; score[4] =34; score[5]=12;

则数组 score 的第 0、4、5 个元素数值如下：

score

4				34	12				
0	1	2	3	4	5	6	7	8	9

当我们声明了一个数组后，数组元素的数值不确定，不能直接使用数组里的任何一个元素，只能使用已经赋值的元素。当我们只对第 0、4、5 个元素赋值后，第 1、2、3、6、7、8、9 个元素的数值是不确定的。

数组元素的表示与声明数组在结构上类似，都是由数组名加方括号和数字构成的。所不同的是，声明数组时，方括号里的数值必须是常量，而对于数组元素，方括号里的数值可以是常量，也可以是变量。

数组元素的下标数值是一个自然数列，一般用 for 语句来对每个数组元素进行操作。如：

```
1    for(i=0 ; i<10 ; i++)
2    {
3        score[i] =0 ;
4    }
```

即对数组 score 中所有的元素都赋值为 0。

在 C 语言中，对于有 n 个元素的数组来说，数组元素的下标从 0 开始，到 n-1 为止，不能使用 n。不过 C 语言并不会对下标是否超出范围进行检查，甚至很多编译器都不进行检查，需要编程人员自己来进行检查，防止下标超出范围。数组的下标超出了范围称为数据溢出。

在上面定义的数组 score 中，没有元素 score[10]，当然更不能有 score[11]、score[12]，如果写一条语句：

score[12]=24;

显然下标已经超出了范围，但很多 C 语言编译器却不会提示错误，这是 C 语言使用灵活的一个体现。在使用一个数组之前，必须对数组是否溢出进行检查。例如，可以使用如下方法来防止下标超出范围：

```
1    if(i<0 || i>=Number)
2    {
3        printf("error");
4    }
5
```

利用 if 语句来检查下标 i 的取值是否超出范围，超出范围后给出一个错误提示。

5.3.3 初始化数组元素

除了在声明数组后对数组元素进行赋值外，还可以在声明数组的同时对数组元素进行赋值。如：

        int   score[10]={1, 2, 3, 4, 5, 6, 7, 8, 9, 10};

score 数组的各个元素的数值如下：

score

1	2	3	4	5	6	7	8	9	10
0	1	2	3	4	5	6	7	8	9

当然，也可以只对其中一部分元素进行赋值，则未赋值的元素会自动填充 0。如：

        int   score[10]={1, 2, 3, 4};

score 数组的各个元素的数值如下：

score

1	2	3	4	0	0	0	0	0	0
0	1	2	3	4	5	6	7	8	9

如果要让一个数组所有的元素都为 0，则可以使用如下语句：

        int   score[10]={0};

如果对数组中的每个元素都进行了赋值，则可以省略元素的个数，如声明"int score[]={1, 2, 3, 4, 5, 6, 7, 8, 9, 10};"与"int score[Number]={1, 2, 3, 4, 5, 6, 7, 8, 9, 10};"是等价的。

例 5-1 处理 45 个学生的 C 语言成绩。

程序代码如下：

```
1    /*===============================================
2    *程序名称：score.c
3    *功能：对一个班级45个学生的C语言成绩进行统计，
4            计算出平均分，并且找出最高分和最低分
5    *===============================================*/
6    #include <stdio.h>
7    #define   Nmuber   45
8    int main()
9    {
10       int i;
11       double score[Number] ;
12       double   sum , average , max ,min;
13       for(i=0 ; i<Number ; i++)        //从键盘输入每个学生的成绩
14       {
```

·114· 项目式 C 语言教程(第二版)

```
15              printf("请输入第%d 个学生的成绩：", i+1);
16              scanf("%f" ,score[i]);
17          }
18
19      max=min=score[0];          //首先假定最高分和最低分都是 score[0]
20      for(i=0;i<Number;i++)      //逐个比较，求出最高分和最低分
21      {
22          if(max<score[i])
23              mmax=score[i];
24          if(min>score[i])
25              min=score[i];
26      }
27
28      sum=0 ;
29      for(i=0;i<Number;i++)      //求出所有元素的和，为求平均值做准备
30      {
31          sum+=score[i];
32      }
33
34      average=sum/Number ;       //求平均值
35
36      printf("平均分为%.2f\n ",average);
37      printf("最高分是%.2f\n",max);
38      printf("最低分是%.2f\n",min);
39
40      return 0;
41  }
42
```

接下来逐段对程序进行说明：

(1)

```
1   for(i=0 ; i<Number ; i++)          //从键盘输入每个学生的成绩
2       {
3           printf("请输入第%d 个学生的成绩：", i+1);
4           scanf("%f" ,score[i]);
5       }
6
```

以上程序段实现了从键盘上输入每个学生的成绩，循环变量 i 从 0 开始，一直到 44(Number−1)，共有 45 个取值，利用 scanf 函数得到每个元素的数值。

printf("请输入第%d 个学生的成绩：", i+1); 给出一个提示，使用 i+1 的目的是和日常生活中的习惯相符合。日常生活中，我们习惯从 1 开始计数，而在数组中，第一个元素的下标是 0，所以我们输出 i+1 的值，程序显示的是 1～45，符合人们的习惯。

（2）

1	max=min=score[0];	//首先假定最高分和最低分都是 score[0]
2	for(i=0;i<Number;i++)	// 逐个比较，求出最高分和最低分
3	{	
4	if(max<score[i])	
5	max=score[i];	
6	if(min>score[i])	
7	min=score[i];	
8	}	
9		

求最高分和最低分时采用的算法是逐个比较法。这个算法的思路是：首先假定第一个数值是最值(max=min=score[0];)，然后逐个跟后面的元素相比较，如果有数值比 max 大，则此数是最大值，把此数值存储于 max 中。这样在已经比较的数值中，max 永远存储了最大的数值，当我们把所有的数值都比较完毕，max 就是最大值。求最小值的原理与此相同。

（3）

1	sum=0 ;	
2	for(i=0;i<Number;i++)	//求出所有元素的和，为求平均值做准备
3	{	
4	sum+=score[i];	
5	}	

以上程序可完成求和，并把和值存储于变量 sum 中。

5.4　数组元素在内存中的形式

在项目 2 中我们知道，当声明一个变量后，计算机会在内存中为之分配一个单元，用于存储变量的数值，而数组是大量相同数据类型数据的集合，当我们声明了一个数组后，其内存中如何存储数据呢？

要理解这个问题，我们需要了解数组元素在计算机内存中的形式。

5.4.1　地址的概念

计算机中的所有数据都是用二进制数据来存储的，每个基本电路单元存储一位二进制数，称为 1 比特(bit)，8 个比特组合成一个大的单元，称为字节(Byte)，字节是计算机处理数据的基本单位。字节也可以构成更大一些的单元，称为字(Word)，一个字通常要求能够容纳一个整型数据。有些计算机用 2 个字节构成一个字，有些计算机用 4 个字节构成一个字。

计算机的内存一般用 KB、MB、GB 等来表示大小，它们的关系为

$$1 \text{ KB} = 2^{10} \text{ B} = 1024 \text{ B}$$

$$1 \text{ MB} = 2^{20} \text{ B} = 1024 \text{ KB}$$

$$1 \text{ GB} = 2^{30} \text{ B} = 1024 \text{ MB}$$

一台计算机有 64 KB 内存，那么一共有 64 × 1024(即 65 536) 个字节，我们如何区分每个字节呢？

在上课的时候，每个人都会准确地找到自己要去的教室，每个教室都有一个编号，譬如一号教学楼二楼 5 号教室的编号为 1205。我们就是通过这个教室编号来准确定位上课地点的。我们在生活中普遍使用编号来区分大量不同的物体或者地点。在计算机中，也采用同样的方法来区分每个字节。

在计算机系统中，每个字节都会有一个数字的地址 (address)，这个地址可以认为是字节所在位置的编号。一般来说，第一个字节在计算机内存中的地址为 0，第二个字节的地址为 1，依次类推，直到计算机内存里的最后一个字节为止。如一个有 64 KB 的计算机内存，可以用图 5-1 表示。

内存中的每个字节可以容纳一个字符的信息。如声明一个字符变量 c，则编译器会在内存中为之分配一个字节的空间。假设这个字节的地址为 1000，如果程序执行如下语句：

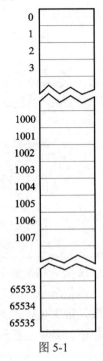

图 5-1

```
c='a';
```

则字符 'a' 就会被存储到地址为 1000 的单元中。由于 'a' 的 ASCII 码值为 97，因此内存的分配如图 5-2(a)所示。

在大多数情况下，不可能预先知道某一个变量的确切地址。我们说变量 c 存储于 1000 地址，仅仅是假设它存储于 1000 地址中，当进行函数调用时，每个变量都会保存在内存中的某个地址，但是无法提前知道是哪个地址，所以，尽管图 5-2 中所标注出的内存起始点其实是假设的，但是可以帮助我们了解程序运行时计算机内存中的变化。

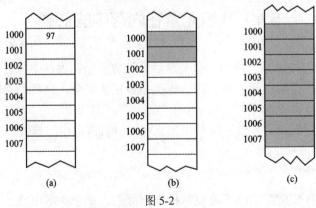

图 5-2

如果一台计算机中的整型数据用两个字节来存储，那么这个整型变量就需要两个字节的连续内存单元来存放，如图 5-2(b)中阴影部分所示。若使用多个字节存放一个数据，则该数据第一个字节的地址作为标识，所以阴影部分的地址为 1000。

double 类型的数据一般要用 8 个字节的内存单元来保存，所以若一个 double 类型的数据存储于地址 1000，则占用 1000～1007 的 8 个存储空间，如图 5-2(c)所示。

5.4.2 运算符 sizeof

虽然字符型数据在所有的计算机中被定义为一个字节，但是整型数据和实型数据在计算机中占用的字节数目对于不同的计算机来说是不同的。如整型数据在一些计算机中占用 2 个字节，但是在另外一些计算机中却占用了 4 个字节；一个 float 类型的数据会占用 4 个字节，但在其他计算机中却有所不同。

这对于程序的通用性来说是不利的。在一台计算机上编译好的程序，整型数据占用 4 个字节，当该程序在另外一台用 2 个字节来存储整型数据的计算机上运行时则会遇到问题。为了避免出现这种情况，可以在编程时采用 sizeof 运算符。

运算符 sizeof 可以判断出一个变量占用了多少内存。sizeof 只有一个操作数，这个操作数必须是一个放在括号内的类型名或者是一个表达式。如果操作数是一个类型名，那么 sizeof 运算符就会返回存储这个类型的数据所需要的内存字节数。如果操作数是一个表达式，那么 sizeof 会返回存储这个表达式的值所需要的内存字节数。例如，表达式 sizeof(int) 将返回存储一个整型数据所需要的字节数，而表达式 sizeof(x+y)则返回存储表达式 x+y 的结果所需要的字节数。

5.4.3 数组在内存中的存储

在程序中声明一个变量后，编译器就会给此变量预留内存空间，这个预留内存空间的过程叫分配(allocation)。全局变量会在程序开始执行时分配，直到程序执行完毕之后才会释放内存空间。局部变量只有当函数调用时才会分配内存空间，在函数没有调用的时候，局部变量并不存在。局部变量在分配给这个函数的存储空间中分配，函数的存储空间叫作函数的私有空间。只要函数在运行，局部变量就会存在于函数的私有空间内，而且地址不会变化。当函数返回时，函数的私有空间以及它的所有变量都会被丢弃，以便腾出空间让别的函数使用。

当声明了一个变量后，编译器会给这个变量预留其所需要的内存空间，即 sizeof 的返回值。如果声明了一个数组，则编译器就会为数组预留一段连续的内存空间，空间的大小是所有元素所占用空间的总和。如变量声明

    double scores[5] ;

则编译器会为之预留 8 字节/元素 × 5 元素 = 40 字节。

为了存放整个数组，编译器要在当前的私有空间内分配 40 个字节，如果私有空间在内存中的开始地址为 1000，数组元素的存放情况如图 5-3 所示。0 号元素存放在 1000～1007，1 号元素存放在 1008～1015，以此类推。

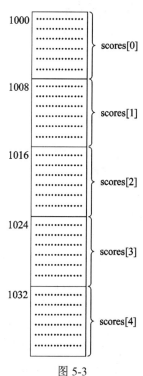

图 5-3

如果 C 语言编译器遇到一个表达式 scores[i]，则通过数组的首地址加上下标值与每个元素大小的乘积数值来计算出数组元素的地址。在图 5-3 中，假设 i 的数值是 3，因为元素大小是 8，数组首地址是 1000，因此 scores[i]的地址是

$$1000 + 3 \times 8 = 1024$$

地址是 1024，正好就是图中 scores[3]的地址。在这种情况下，数组元素的首地址(此处是 1000)也叫作数组的基地址，而找到元素所需要的调整量(即 3×8，也就是 24)叫作偏移量。

在 C 语言中，数组的名称就是数组元素的首地址，所以 scores 是有数值的，这个数值就是数组的基地址&scores[0]，在图 5-3 中其数值是 1000。

C 语言对于数组的处理都是通过地址来实现的，这是 C 语言的一个很重要的特性。在项目 9 中我们会讲解 C 语言的一个重要概念——指针，指针是完全利用地址处理数据的一种方法。

5.4.4　引用超过数组范围的元素

在图 5-3 中，数组 scores 有 5 个合法的下标值：0、1、2、3、4，如果我们写了一个超过这个范围的下标值，C 语言会怎么处理呢？假设下标值为 5，即 scores[5]，C 语言的编译器会计算 $1000 + 5 \times 8 = 1040$，从 1040 地址开始读取数值，而对于 1040 地址的内容，我们根本不知道是什么，可能是一个空的地址，也可能存储了程序里的其他变量，不管是什么内容，它跟数组 scores 没有关系。即使计算机不能检测出错误，选择超过范围的数组元素也是不允许的，否则程序或者不能正常运行，或者给出的结果毫无意义，或者偶尔出现不明原因的错误等。所以，只要在程序中使用数组，就必须保证数组元素的下标不能超过数组范围。在大多数计算机中，引用超过数组范围的元素不能被系统检测出来，但会造成不可预料的后果。

5.5　排　序　算　法

在日常生活中经常会遇到排序的问题，如打印一叠资料，我们会按照页码的顺序来装订，照相的时候，会按照个子高矮来站位等，即需要按照某一种方式对多个数据或者物体进行排列。无论是什么样的排序，最终都是对数据的排序，把多个数值按照递增或者递减的顺序来排列。

对数据进行排序有很多种方法，每种方法都有各自的优点和缺点。下面通过一个原理比较简单的冒泡排序算法来介绍 C 语言排序的方法。

5.5.1　冒泡排序

冒泡排序算法的原理是：依次比较相邻的两个数，将小数放在前面，大数放在后面。即第一趟：首先比较第 1 个数和第 2 个数，将小数放前，大数放后；然后比较第 2 个数和第 3 个数，将小数放前，大数放后，如此继续，直至比较最后两个数，将小数放前，大数

放后。至此第一趟结束,将最大的数放到了最后。第二趟:仍从第一对数开始比较(因为可能由于第 2 个数和第 3 个数的交换,使得第 1 个数不再小于第 2 个数),将小数放前,大数放后,一直比较到倒数第二个数(倒数第一的位置上已经是最大的),第二趟结束,在倒数第二的位置上得到一个新的最大数(其实在整个数列中是第二大的数)。如此下去,重复以上过程,直至最终完成排序。

由于在排序过程中总是小数往前放,大数往后放,相当于气泡往上升,所以称作冒泡排序。为了理解算法求解过程,这里假定有 6 个数,要对它们按照从小到大的顺序进行排列。根据本章所学内容,可以利用数组来存储这 6 个数。假定有数组 int a[6]={9, 8, 5, 4, 2, 0},排序过程如下:

(1) 第一趟比较,把 6 个数据中最大的数据放到了最后。

a[0]	9	8	8	8	8	8
a[1]	8	9	5	5	5	5
a[2]	5	5	9	4	4	4
a[3]	4	4	4	9	2	2
a[4]	2	2	2	2	9	0
a[5]	0	0	0	0	0	9

可用如下程序段实现:

```
1   for(i=0; i<5; i++)
2       if (a[i]>a[i+1])
3       { t=a[i]; a[i]=a[i+1]; a[i+1]=t; }
4
```

因为我们比较 i 和 i+1,而数组 a 中最大的下标是 5,所以 i 的取值只需要到 4 就可以了。

(2) 比较剩余的 5 个数据,5 个数据中最大的放到最后。

a[0]	8	5	5	5	5
a[1]	5	8	4	4	4
a[2]	4	4	8	2	2
a[3]	2	2	2	8	0
a[4]	0	0	0	0	8
a[5]	9	9	9	9	9

程序如下:

```
1   for(i=0; i<4; i++)
2       if (a[i]>a[i+1])
3       { t=a[i]; a[i]=a[i+1]; a[i+1]=t; }
4
```

(3) 在剩下的 4 个数据中继续找出最大的数据，放在最后。

a[0]	5	4	4	4
a[1]	4	5	2	2
a[2]	2	2	5	0
a[3]	0	0	0	5
a[4]	8	8	8	8
a[5]	9	9	9	9

程序如下：

```
1   for(i=0; i<3; i++)
2       if (a[i]>a[i+1])
3       { t=a[i]; a[i]=a[i+1]; a[i+1]=t; }
4
```

(4) 此时，已经有 3 个数据排好顺序，再将剩余 3 个数据中最大的数值放到最后。

a[0]	4	2	2
a[1]	2	4	0
a[2]	0	0	4
a[3]	5	5	5
a[4]	8	8	8
a[5]	9	9	9

程序如下：

```
1   for(i=0; i<2; i++)
2       if (a[i]>a[i+1])
3       { t=a[i]; a[i]=a[i+1]; a[i+1]=t; }
4
```

(5) 剩余的 2 个数据中，把最大的放到后面。

a[0]	2	0
a[1]	0	2
a[2]	4	4
a[3]	5	5
a[4]	8	8
a[5]	9	9

程序如下：

```
1   for(i=0; i<1; i++)
2       if (a[i]>a[i+1])
3       { t=a[i]; a[i]=a[i+1]; a[i+1]=t; }
```

(6) 把上面的 for 语句依次写下来即可实现排序：

```
1    for(i=0; i<5; i++)
2        if (a[i]>a[i+1])
3        { t=a[i]; a[i]=a[i+1]; a[i+1]=t; }
4
5    for(i=0; i<4; i++)
6        if (a[i]>a[i+1])
7        { t=a[i]; a[i]=a[i+1]; a[i+1]=t; }
8
9    for(i=0; i<3; i++)
10       if (a[i]>a[i+1])
11       { t=a[i]; a[i]=a[i+1]; a[i+1]=t; }
12
13   for(i=0; i<2; i++)
14       if (a[i]>a[i+1])
15       { t=a[i]; a[i]=a[i+1]; a[i+1]=t; }
16
17   for(i=0; i<1; i++)
18       if (a[i]>a[i+1])
19          { t=a[i]; a[i]=a[i+1]; a[i+1]=t; }
20
```

观察这一段程序，可以看到大部分语句都是重复的，唯一不同的就是循环变量 i 的终止值。那么我们可以用下面的语句来代替：

```
1    for(j=0; j<5; j++)
2    {
3        for(i=0; i<5-j; i++)
4          if (a[i]>a[i+1])
5             { t=a[i]; a[i]=a[i+1]; a[i+1]=t; }
6    }
7
```

这个双重的循环结构就是实现冒泡排序算法的语句。若数据元素个数改变了，则循环变量 i 和 j 的值也要做相应的改变。

例 5-2 从键盘上输入 10 个数据，按照从小到大的顺序对这 10 个数据进行排序。

分析：这 10 个数据，可以用含有 10 个元素的数组来存储，排序的算法可以使用冒泡排序法。程序代码如下：

```
1    /*================================
2    *程序名称：bubble.c
```

```
3      *功能：利用冒泡排序法对 10 个数据进行排序
4      =================================*/
5      #include <stdio.h>
6      #include <stdlib.h>
7
8      #define Number 10
9
10     int main()
11     {
12         int i,j,temp ;
13         int    bubble[Number]={0};
14         for(i=0; i<Number; i++)
15         {
16             printf("请输入第%d 个数据：",i+1);
17             scanf("%d", &bubble[i]);
18         }
19         printf("未排序的数据是：\n");
20         for(i=0; i<Number; i++)
21         {
22             printf("%5d", bubble[i]);
23         }
24         printf("\n");
25
26         for(j=0; j<Number-1; j++)
27         {
28             for(i=0; i<Number-1-j; i++)
29             {
30                 if(bubble[i]>bubble[i+1])
31                 {
32                     temp=bubble[i];
33                     bubble[i]=bubble[i+1];
34                     bubble[i+1]=temp;
35                 }
36             }
37         }
38         printf("排好的顺序是：\n");
39         for(i=0; i<Number; i++)
40         {
41             printf("%5d", bubble[i]);
```

42	}
43	
44	return 0;
45	}
46	

程序运行的结果如下：

```
请输入第 1 个数据：78↵
请输入第 2 个数据：67↵
请输入第 3 个数据：86↵
请输入第 4 个数据：53↵
请输入第 5 个数据：70↵
请输入第 6 个数据：120↵
请输入第 7 个数据：59↵
请输入第 8 个数据：23↵
请输入第 9 个数据：47↵
请输入第 10 个数据：94↵
未排序的数据是：
78  67  86  53  70  120  59  23  47  94
排好的顺序是：
23  47  53  59  67  70  78  86  94  120
```

冒泡算法中，每次比较如果发现较小的元素在后面，就交换两个相邻的元素。将待排序的元素看作竖着排列的"气泡"，较小的元素比较轻，从而要向上浮。在冒泡排序算法中我们要对这个"气泡"序列处理若干遍。所谓一遍处理，就是自底向上检查一遍这个序列，并时刻注意两个相邻元素的顺序是否正确。如果发现两个相邻元素的顺序不对，即"轻"的元素在下面，就交换它们的位置。显然，处理一遍之后，"最轻"的元素就浮到了最高位置；处理两遍之后，"次轻"的元素就浮到了次高位置。在进行第二遍处理时，由于最高位置上的元素已是"最轻"元素，所以不必检查。一般地，进行第 i 遍处理时，不必检查第 i 高位置以上的元素，因为经过前面 i-1 遍的处理，它们已正确地排好序。

【练习 5-1】 若要将数据按照从大到小的顺序排序，应该怎么修改程序？在下面程序的空白处填写合适的语句。

1	#include <stdio.h>
2	#include <stdlib.h>
3	
4	#define Number 10
5	
6	int main()

```
7    {
8        int i,j,temp ;
9        int   bubble[Number]={0};
10       for(i=0; i<Number; i++)
11       {
12           printf("请输入第%d 个数据：",i+1);
13           scanf("%d",&bubble[i]);
14       }
15       printf("未排序的数据是：\n");
16       for(i=0; i<Number; i++)
17       {
18           printf("%5d",bubble[i]);
19       }
20    printf("\n");
21
22           _____
23           _____
24           _____
25           _____
26           _____
27           _____
28           _____
29           _____
30           _____
31           _____
32           _____
33           _____
34       printf("排好的顺序是：\n");
35       for(i=0; i<Number; i++)
36       {
37           printf("%5d",bubble[i]);
38       }
39
40       return 0;
41    }
42
```

【练习 5-2】 若声明数组 int a[11]，利用 a[1]，…，a[10]保存数据，则应该怎么修改程序？在下面程序的空白处填写合适的语句。

```
1    #include <stdio.h>
2    #include <stdlib.h>
3
4    #define Number 10
5
6    int main()
7    {
8        int i,j,temp ;
9        int    bubble[11]={0};
10       for(i=0; i<Number; i++)
11       {
12           printf("请输入第%d 个数据：",i+1);
13           scanf("%d",&bubble[i+1]);
14       }
15       printf("未排序的数据是：\n");
16       for(i=1; i<Number+1; i++)
17       {
18           printf("%5d",bubble[i]);
19       }
20       printf("\n");
21
22       for(j=____; j<_____; j++)
23       {
24           for(i=____; i<_____; i++)
25           {
26               if(bubble[i]>bubble[i+1])
27               {
28                   temp=bubble[i];
29                   bubble[i]=bubble[i+1];
30                   bubble[i+1]=temp;
31               }
32           }
33       }
34       printf("排好的顺序是：\n");
35       for(i=_____; i<_____; i++)
36       {
37           printf("%5d",bubble[i]);
38       }
39
```

40	return 0;
41	}
42	

5.5.2　选择排序

假设有数组 select[10]，10 个元素为 select[0]，select[1]，…，select[8]，select[9](假设其元素均互不相同)。要求对其元素排序，使之递增有序。

首先以一个元素为基准，从一个方向开始扫描，比如从左至右扫描，以 select[0]为基准。接下来从 select[1]，…，select[9]中找出最小的元素，将其与 select[0]交换。然后将基准位置右移一位，重复上面的动作，比如，以 select[1]为基准，找出 select[1]～select[9]中最小的，将其与 select[1]交换，一直进行到基准位置移到数组最后一个元素时排序结束(此时基准左边所有元素均递增有序，而基准为最后一个元素，故完成排序)。

例 5-3　选择法排序。

程序代码如下：

1	/*===============================
2	*程序名称：selectsort.c
3	*功能：利用选择法对 10 个数据进行排序
4	===============================*/
5	#include <stdio.h>
6	#include <stdlib.h>
7	#define Number 10
8	int main()
9	{
10	int i,j,temp ;
11	int flag=0;
12	int　select[Number]={0};
13	for(i=0; i<Number; i++)
14	{
15	printf("请输入第%d 个数据：",i+1);
16	scanf("%d", &select[i]);
17	}
18	printf("未排序的数据是：\n");
19	for(i=0; i<Number; i++)
20	{
21	printf("%5d", select[i]);
22	}
23	printf("\n");
24	

```
25      for(i = 0; i < Number-1; i++)
26      {
27          flag = i;
28          for(j = i+1; j < Number; j++)
29          {
30              if(select[j] < select[flag] )
31              {
32                  flag = j;
33              }
34          }
35          //将最小数据与第一个筛选数据交换
36          temp = select[flag];
37          select[flag] = select[i];
38          select[i] = temp;
39      }
40      printf("排好的顺序是：\n");
41      for(i=0;i<Number;i++)
42      {
43          printf("%5d",select[i]);
44      }
45
46      return 0;
47  }
48
```

　　冒泡算法每次比较都有可能进行数据交换，而选择排序算法的改进在于：先并不急于调换位置，先从 select[0]开始逐个检查，看哪个数最小就记下该数所在的位置，等一趟扫描完毕，再把 select[flag]和 select[0]对调，这时 select[0]～select[9]中最小的数据就换到了最前面的位置。

　　排序还可采用很多算法，除了冒泡排序和选择排序之外，还有直接插入排序、希尔排序、快速排序、堆排序、归并排序、基数排序等。

5.6　总　　结

　　数组是大量相同数据类型的数据集合，数组中的每一个数值称为一个元素。在 C 语言中，我们要建立一个新的数组，必须明确指出数组的大小(即元素的个数)和元素的类型。

　　在数组中，采用数组名称和下标的方式来引用每个元素。对于有 n 个元素的数组，其下标数值为 0～n-1，下标值不能为 n 或者更大的数，当然也不能为负数以及浮点数。

　　在使用数组元素时，必须逐个元素来引用，不能一次引用多个元素。在实际应用中，经常使用 for 循环来对数组进行操作。

数据存储在内存中，采用地址来确定每个数据的位置，当一个数组被声明后，计算机就在内存中为之分配合适的连续内存单元，分配的内存单元数目取决于数据类型和元素个数。声明一个数组后，内存中分配的内存单元是所有元素所占内存单元的总和，数组名就是数组第一个元素的地址，在访问每个元素时，通过基地址和偏移地址可计算出元素所在的实际地址。

在大多数计算机中，引用超过数组范围的元素将不能被系统检测出来，而且还可能会造成不可预料的后果，所以必须保证数组元素的下标不能超过规定的范围。

数据排序有很多种方法，每种方法都有各自的优点和缺点。冒泡排序和选择排序是两种比较容易理解的排序方法，这两种算法都采用双重循环来处理数据，我们必须很好地理解这两种算法，在此基础上来体会程序实现方法。理解双重循环非常好的方法就是画图，图形上能反映出程序执行时的变化情况及数组数值的变化等，以此来理解程序的实现方法。

5.7 习　　题

一、选择题

1. 若要定义一个具有 5 个元素的数组，以下定义错误的是(　　)。

　　A．int a[5]={0};　　　　　　　　　　B．int b[]={0, 0, 0, 0, 0};

　　C．int c[2+3];　　　　　　　　　　　D．int i=5, d[i] ;

2. 下列选项中，能正确定义数组的是(　　)。

　　A．int num[0...2012]　　　　　　　　B．int num[];

　　C．int N=2012;　　　　　　　　　　　D．#define N 2012

　　　　int num[N];　　　　　　　　　　　　　int num[N];

3. 设有 int a[4]={5, 3, 8, 9}数组，其中 a[3]的值为(　　)。

　　A．5　　　　　　B．3　　　　　　C．8　　　　　　D．9

4. 在数组中，数组名表示(　　)。

　　A．数组第 1 个元素的首地址　　　　B．数组第 2 个元素的首地址

　　C．数组所有元素的首地址　　　　　D．数组最后 1 个元素的首地址

5. 若有以下数组，则数值最小的和最大的元素下标分别是(　　)。

　　int a[12] ={1, 2, 3, 4, 5, 6, 7, 8, 9, 10, 11, 12};

　　A．1, 12　　　　B．0, 11　　　　C．1, 11　　　　D．0, 12

6. 若有以下数组，则数值为 4 的表达式是(　　)。

　　int a[12] ={1, 2, 3, 4, 5, 6, 7, 8, 9, 10, 11, 12};　　char c='a', d, g;

　　A．a[g-c]　　　B．a[4]　　　　C．a['d'-'c']　　　D．a['d'-c]

7. 有以下程序：

```
1    #include <stdio.h>
2    int main()
```

```
3    {
4        int a[5]={1,2,3,4,5}, b[5]={0,2,1,3,0}, i,s=0;
5        for(i=0; i<5; i++)
6            s=s+a[b[i]];
7        printf("%d\n",s);
8
9        return 0;
10   }
11
```

程序运行后的输出结果是(   )。

    A. 6   B. 10   C. 11   D. 15

8. 有以下程序：

```
1    #include <stdio.h>
2    int main()
3    {
4        int s[12]={1,2,3,4,4,3,2,1,1,1,2,3}, c[5]={0}, i ;
5        for(i=0; i<12; i++)
6            c[s[i]]++;
7
8        for(i=1;i<5;i++)
9            printf("%d ",c[i]);
10
11       printf("\n");
12
13       return 0;
14   }
15
```

程序运行后的输出结果是(   )。

    A. 1 2 3 4   B. 2 3 4 4   C. 4 3 3 2   D. 1 1 2 3

9. 下面程序中有错误的是(   )。

```
1    #include <stdio.h>
2    main()
3    {
4        float array[5]={0.0};        //第A行
5        int i;
6        for(i=0; i<5; i++)
7            scanf("%f",&array[i]);
8        for(i=1; i<5; i++)
```

9	array[0]=array[0]+array[i]; //第 B 行
10	printf("%f\n",array[0]); //第 C 行
11	}

  A. 第 A 行   B. 第 B 行

  C. 第 C 行   D. 无

10. 在 C 语言中,引用数组元素时,其数组下标允许的数据类型是( )。

  A. 整型常量   B. 整型表达式

  C. 整型常量或整型表达式   D. 任何类型的表达式

11. 若有 int a[10]的数组定义,则对数组元素 a 的正确引用是( )。

  A. a[10]   B. a[3.5]

  C. a(5)   D. a[10-10]

12. 以下能对一维数组 a 进行正确初始化的语句是( )。

  A. int a[10]=(0, 0, 0, 0, 0);   B. int a[10]={0, 0};

  C. int a[]={};   D. int a[10]="10*1";

13. 对以下语句的正确理解是( )。

  int a[10]={6, 7, 8, 9, 10};

  A. 将 5 个初值依次赋给 a[1]~a[5]

  B. 将 5 个初值依次赋给 a[0]~a[4]

  C. 将 5 个初值依次赋给 a[6]~a[10]

  D. 因为数组长度与初值的个数不相同,所以此语句不正确

二、填空题

1. C 语言中,数组的各元素必须具有相同的_____,元素的下标上限为_____。但在程序执行过程中,不检查元素下标是否_____。

2. C 语言中,数组在内存中占一片_____的存储区,由_____代表它的首地址。数组名是一个_____常量,不能对它进行赋值运算。

3. 有以下程序段,运行后的输出结果是_____。

```
1   #include <stdio.h>
2   int main()
3   {   int n[2],i,j;
4       for(i=0; i<2; i++)
5           n[i]=0;
6       for(i=0; i<2; i++)
7         for(j=0; j<2; j++)
8           n[j]=n[i]+1;
9
10      printf("%d",n[1]);
11      return 0;
12  }
```

4. 下面程序的功能是输出数组 s 中最大元素的下标，请将程序填写完整。

```
1   #include <stdio.h>
2   int main()
3   {
4       int k,p,s[]={1,-9,7,2,-10,3};
5       for(p=0, k=p; p<6; p++)
6           if(s[p]>s[k])  _____
7       printf("%d\n ",k);
8       return 0;
9   }
10
```

5. 以下程序运行后的输出结果是_____。

```
1   #include <stdio.h>
2   int main()
3   {
4       int i,n[5]={0};
5       for(i=1; i<4; i++)
6       {
7           n[i]=n[i-1]*2+1;
8           printf("%d",n[i]);
9       }
10      printf("\n");
11
12      return 0;
13  }
14
```

6. 以下程序以每行 10 个数据的形式输出数组 a，请将程序填写完整。

```
1   #include <stdio.h>
2   int   main( )
3   {
4     int a[50],i;
5     printf("输入 50 个整数:");
6     for(i=0; i<50; i++)
7         scanf( "%d", _____ );
8     for(i=1; i<=50; i++)
9       {
10          if( _____ )   printf( " \n" ) ;
```

```
11          printf( "%5d", _____ );
12       }
13
14     return 0;
15   }
16
```

7. 阅读以下程序，写出运行结果_____。

```
1   #include <stdio.h>
2   int   main( )
3   {
4       int a[6]={12, 4, 17, 25, 27, 16}, b[6]={27, 13, 4, 25, 23, 16}, i, j;
5       for(i=0; i<6; i++)
6       {
7          for(j=0;j<6;j++)
8          {
9              if(a[i]= =b[j])
10             break;
11          }
12          if(j<6)
13             printf("%d ",a[i]);
14      }
15      printf("\n");
16      return 0;
17  }
18
```

三、编程题

1. 定义一个数组，通过键盘输入大小不等的 9 个数，并输出最大的数。

2. 定义一个数组，通过键盘输入张三同学的语文、数学、英语和体育成绩，并输出张三的总分和平均分。

3. 通过键盘输入 9 个数，利用冒泡排序法，按照从大到小的顺序排列输出。

4. 通过键盘输入 9 个数，利用选择排序法，按照从大到小的顺序排列输出。

5. 将一个数组中的值按逆序重新存放。例如要求将原来的 8、6、5、4、1 改为 1、4、5、6、8。

6. 公元前 3 世纪，古希腊天文学家埃拉托色尼发现了一种能够找出不大于 N 的所有素数的算法。为了应用这种算法，首先将 2~N 之间的所有整数写到一个表中。例如 N 为 20，则应写出以下列表：

2   3   4   5   6   7   8   9   10   11   12   13   14   15   16   17   18   19   20

然后把第一个元素画圈，表示发现一个素数，接下来依次检查后续元素，将每个画圈元素倍数的数上画×，表示该数不是素数。那么在执行完算法的第一步后，将得到素数 2，而所有 2 的倍数将全部被划掉，结果如下：

②　3　✕　5　✕　7　✕　9　✕　11　✕　13　✕　15　✕　17　✕　19　✕

接下来，只需要重复以上操作，把第一个既没有被画圈又没有画×的元素圈起来，然后把后续的是它倍数的数全部画×。在本例中，这次操作中将得到素数 3，而所有 3 的倍数都被划掉，于是得到以下列表：

②　③　✕　5　✕　7　✕　✕　✕　11　✕　13　✕　✕　17　✕　19　✕

最终，数组中所有的元素不是画圈就是画×的，如下所示：

②　③　✕　⑤　✕　⑦　✕　✕　✕　⑪　✕　⑬　✕　✕　✕　⑰　✕　⑲　✕

可见，所有被圈起来的数均是素数，而所有画×的数均是合数。这种得到素数的方法称为埃拉托色尼筛选法。

编写一个程序，用埃拉托色尼筛选法产生 2～1000 之间的素数表。

7. 由于各裁判打分时存在某些主观因素，因此在计算平均值时通常去掉一个最高分和一个最低分。编写一个程序，读入 7 个裁判所打的分数，去掉一个最高分和一个最低分，求剩余 5 个元素的平均值。

8. 将一个数组拆分为两个数组，一个为奇数数组，一个为偶数数组。

9. 将奇数数组与偶数数组合并为一个数组。

10. 将一个数组复制给另外一个数组。

11. 计算一组数的标准偏差。

12. 约瑟夫生者死者小游戏。30 个人在一条船上，超载，需要 15 人下船。于是人们排成一队，排队的位置即为他们的编号。然后开始报数，从 1 开始，数到 9 的人下船。如此循环，直到船上仅剩 15 人为止，问哪些编号的人下船了？

13. 在数组中插入一个数。现有一个从小到大排好序的数组，从键盘上输入一个数插入数组中，使插入数据后的数组还是从小到大排序。

14. 把两个数组合并。有两个数组 a 和 b，数组 a 有 5 个元素，数组 b 有 3 个元素。要求数组 b 在前面，数组 a 在后面，把这两个数组合并为一个数组。

15. 有 n 个人围成一圈，顺序排号。从第一个人开始报数(从 1 到 3 报数)，凡报到 3 的人退出圈子，问最后留下的是原来第几号的那位。

16. 某个公司采用公用电话传递数据，数据是 4 位整数，在传递过程中是加密的，加密规则如下：每位数字都加上 5，然后用和除以 10 的余数代替该数字，再将第 1 位和第 4 位交换，第 2 位和第 3 位交换。

项目6　多门功课成绩的计算

6.1　项 目 要 求

(1) 了解二维数组的概念，掌握二维数组的声明和使用。
(2) 了解二维数组的内存存储方式。
(3) 掌握利用双重循环处理二维数组问题的方法。

6.2　项 目 描 述

　　项目 5 我们学习了数组，并且利用数组来保存一个班级(45 人)C 语言的考试成绩。除此之外，我们还会涉及多门课程成绩的计算问题。例如，在每个学年评定奖学金的时候，都会把每个人所有的课程成绩相加，然后进行平均，最后再排序。

　　假设某一个班级有 10 人，一学年的课程有 5 门，分别为 C 语言、数字电子技术、英语、高等数学、模拟电子技术。需要计算每个人的平均分，求出每门功课的平均分。每个学生各门课程的成绩情况如下：

学号	C 语言	数字电子技术	英语	高等数学	模拟电子技术	平均分
20110001	76	84	92	78	88	83.60
20110002	72	81	78	70	65	73.20
20110003	60	69	65	64	73	66.20
20110004	90	94	83	85	89	88.20
20110005	79	69	70	81	74	74.60
20110006	75	67	62	71	85	72.00
20110007	67	78	73	65	80	72.60
20110008	82	76	64	75	68	73.00
20110009	85	80	78	84	79	81.20
20110010	78	65	92	67	70	74.40

　　上述表格中，行是每个学生的成绩，列分别是学号、每门课程的成绩和平均分，像这样一个 10 行 7 列的表格，如果我们用项目 5 中的数组来存储，就会显得非常杂乱，很难找到某一个学生某一门课程的成绩，也不便于排序。在 C 语言中，可以用二维数组来保存表格形式的数据。

6.3   二 维 数 组

6.3.1   二维数组的概念

项目 5 中的数组称为一维数组，就是只有一行的数据组合。具有行和列的数据组合称为二维数组。在声明一维数组时，采用数组名加下标的方式；在声明二维数组时，同样采用数组名加下标的方式，不过二维数组有两个下标，分别是行下标和列下标。如果我们要声明一个 10 行 7 列的数组来存储成绩，则采用以下方式：

> float   score2[10][7] ;

这里声明了一个二维数组，数组名称为 score2，包含 10 行 7 列共 70 个元素，每个元素都是实型数据，如下所示：

score2[0][0]	score2[0][1]	score2[0][2]	score2[0][3]	score2[0][4]	score2[0][5]	score2[0][6]
score2[1][0]	score2[1][1]	score2[1][2]	score2[1][3]	score2[1][4]	score2[1][5]	score2[1][6]
score2[2][0]	score2[2][1]	score2[2][2]	score2[2][3]	score2[2][4]	score2[2][5]	score2[2][6]
score2[3][0]	score2[3][1]	score2[3][2]	score2[3][3]	score2[3][4]	score2[3][5]	score2[3][6]
score2[4][0]	score2[4][1]	score2[4][2]	score2[4][3]	score2[4][4]	score2[4][5]	score2[4][6]
score2[5][0]	score2[5][1]	score2[5][2]	score2[5][3]	score2[5][4]	score2[5][5]	score2[5][6]
score2[6][0]	score2[6][1]	score2[6][2]	score2[6][3]	score2[6][4]	score2[6][5]	score2[6][6]
score2[7][0]	score2[7][1]	score2[7][2]	score2[7][3]	score2[7][4]	score2[7][5]	score2[7][6]
score2[8][0]	score2[8][1]	score2[8][2]	score2[8][3]	score2[8][4]	score2[8][5]	score2[8][6]
score2[9][0]	score2[9][1]	score2[9][2]	score2[9][3]	score2[9][4]	score2[9][5]	score2[9][6]

其中，每个方格存储一个元素，而这些元素的名称就写在了方格内。从中可以看到，数组元素的行下标从 0 到 9 共计 10 个，而列下标从 0 到 6 共计 7 个，从而构成了一个 10 行 × 7 列的表格。需要注意的是，行下标不能是 10 或者更大的数值，而列下标不能等于或者大于 7。当然，与一维数组情况类似，C 语言编译器也不会对超出范围的下标进行检查，需要编程者自己检查此类错误。

对这些元素进行赋值时，方法如下：

```
1    score2[0][0]=20110001；
2    score2[0][1]=76；
3    score2[0][2]=84；
4    score2[0][3]=92；
5    score2[0][4]=78；
6    score2[0][5]=88；
```

这样就可以将第一个学生的学号、成绩保存起来。

项目 5 中利用循环结构 for 语句来对一维数组元素进行赋值,对于二维数组,同样可以采用 for 语句,不过因为二维数组有两个下标,所以必须采用双重循环。

例 6-1　二维数组元素的输入和输出。

使用双重 for 循环引用二维数组的每个元素。一般来说,i 是外部循环变量,作二维数组行下标,j 是内部循环变量,作二维数组的列下标。程序代码如下:

```
1    /*================================
2    *程序名称:ex6_1.c
3    *功能:二维数组的输入和输出
4    ================================*/
5    #include <stdio.h>
6    #include <stdlib.h>
7
8    int main()
9    {
10       int i,j;
11       int score2[3][4];
12       //用双重 for 循环输入数据
13       for(i=0;i<3;i++)
14       {
15           for(j=0;j<4;j++)
16           {
17               printf("请输入第%d 行,第%d 列的数据:",i+1,j+1);
18               scanf("%d",&score2[i][j]);
19           }
20       }
21
22       //输出数据
23       for(i=0;i<3;i++)
24       {
25           for(j=0;j<4;j++)
26           {
27               printf("%4d",score2[i][j]);
28           }
29           printf("\n");
30       }
31
32       return 0;
33   }
```

程序运行的结果如下：

```
请输入第 1 行，第 1 列数据：1←
请输入第 1 行，第 2 列数据：2←
请输入第 1 行，第 3 列数据：3←
请输入第 1 行，第 4 列数据：4←
请输入第 2 行，第 1 列数据：5←
请输入第 2 行，第 2 列数据：6←
请输入第 2 行，第 3 列数据：7←
请输入第 2 行，第 4 列数据：8←
请输入第 3 行，第 1 列数据：9←
请输入第 3 行，第 2 列数据：10←
请输入第 3 行，第 3 列数据：11←
请输入第 3 行，第 4 列数据：12←


1    2    3    4
5    6    7    8
9    10   11   12
```

6.3.2　二维数组的初始化

与一维数组相同，二维数组元素除了在声明变量后进行赋值外，也可以在声明的同时直接赋予一个初始值，这称为二维数组的初始化。二维数组的初始化有以下几种情况：

(1) 把所有的元素均罗列出来。如：

int a[3][4] = {{1, 2, 3, 4}, {5, 6, 7, 8}, {9, 10, 11, 12}};

则该二维数组的各个元素如下：

```
1    2    3    4
5    6    7    8
9    10   11   12
```

即把每一行的元素用大括号(｛ ｝)括起来，一共有三行，就用三个大括号，最外面一层的大括号表示整个数组。

内部的大括号可以省略，如：

int a[3][4] = {1, 2, 3, 4, 5, 6, 7, 8, 9, 10, 11, 12};

计算机会根据行数和列数自动区分每一行，但是给阅读程序造成了困难，所以不建议不分行罗列。

(2) 可以省略某些元素，省略的元素会自动赋值为 0。如：

int a[3][4]={{1}, {5}, {9}};

对于每一行，只给出了第一个元素的值，则 C 语言编译器会把其他元素自动赋值为 0。这等价于

     int a[3][4]={{1, 0, 0, 0}, {5, 0, 0, 0}, {9, 0, 0, 0}};

赋值后如下所示：

     1　　0　　0　　0

     5　　0　　0　　0

     9　　0　　0　　0

(3) 所有数据都给出时，可以省略行号。如：

     int a[ ][4]={1, 2, 3, 4, 5, 6, 7, 8, 9, 10, 11, 12};

等价于

     int a[3][4]={1, 2, 3, 4, 5, 6, 7, 8, 9, 10, 11, 12};

C 语言编译器会自动根据数据的个数以及列数来确定行数。当然，将每一行用大括号括起来会更便于阅读。如：

     int a[][4]={{0, 0, 3}, {0}, {0, 10}};

是合法的，数组中的数值情况如下所示：

     0　　0　　3　　0

     0　　0　　0　　0

     0　　10　　0　　0

注意：可以省略行号，但是不能省略列号。

6.3.3　二维数组内存存放方式

    一维数组元素在内存中按照下标数值依次连续存放。二维数组在内存中逐行存储，可以把每一行看作一个一维数组，按照下标号依次进行存储。如我们定义 char a[2][3]，则该数组含有 2 行 3 列数据，每个元素都占有 1 个字节。假设此二维数组的首地址是 1000，则各个元素在内存中的位置如图 6-1 所示。

    二维数组中的各个元素会依次存储，首先存储第 0 行的元素，然后再存储第 1 行的元素。若二维数组有 2 × 3 = 6 个元素，则从 1000 地址开始存储，到 1005 地址存储完毕，共占用了 6 个字节的空间。

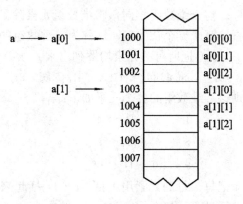

图 6-1　二维数组元素在内存中的存放方式

    对于一维数组，数组名是数组元素的首地址，同样地，二维数组名也是数组元素的首地址。在 C 语言中，我们可以把二维数组看作由若干个一维数组组成的，即二维数组可以看作一个一维数组，该数组的各个元素均是一维数组。例如，char a[2][3]可视为包含两个元素，而这两个元素都是具有 3 个元素的一维数组 a[0][3]和 a[1][3]，所以在图 6-1 中，a[0]和 a[1]是两个一维数组的名称，它们代表了两个地址，a[0]地址跟二维数组的首地址重合，是 1000，而 a[1]地址则是第 1 行元素的首地址，是 1003，故元素 a[1][0]地址是 1003。

6.4　问　题　求　解

上面讲解了二维数组的概念、使用等，接下来对项目开始提出的问题进行分析，编写程序。这个项目涉及的问题比较多，需要逐个问题来解决，首先来看数据输入输出。

6.4.1　数据输入输出

例 6-2　数据输入输出。

根据例 6-1 的程序，二维数组的输入输出要用双重 for 循环。程序代码如下：

```
1    /*==============================
2    *程序名称：input_1.c
3    *功能：完成成绩输入,
4             这是最简单的版本
5    ==============================*/
6    #include <stdio.h>
7    #include <stdlib.h>
8
9    #define    Number    10
10   #define    Grade     7
11
12   int main()
13   {
14       int i,j;
15       float    score2[Number][Grade]={0};
16
17       /*输入数据*/
18       for(i=0;i<Number;i++)
19       {
20           for(j=0;j<Grade;j++)
21           {
22               printf("请输入第%d 行, 第%d 列数据:",i+1,j+1);
23               scanf("%f",&score2[i][j]);
24           }
25       }
26
27       /*输出数据*/
28       printf("学号    C 语言   数电   英语    高数    模电    平均分\n");
```

```
29        for(i=0; i<Number; i++)
30        {
31              for(j=0;j<Grade;j++)
32              {
33                    printf("%-8.2f",score2[i][j]);
34              }
35              printf("\n");
36        }
37        return 0;
38   }
39
```

程序运行结果如下：

请输入第 1 行，第 1 列数据：**20110001↵**
请输入第 1 行，第 2 列数据：**76↵**
请输入第 1 行，第 3 列数据：**84↵**
请输入第 1 行，第 4 列数据：**92↵**
请输入第 1 行，第 5 列数据：**78↵**
请输入第 1 行，第 6 列数据：**88↵**
请输入第 1 行，第 7 列数据：**83.6↵**
请输入第 2 行，第 1 列数据：**20110002↵**
⋮
请输入第 10 行，第 6 列数据：**70↵**
请输入第 10 行，第 7 列数据：**74.4↵**

学号	C 语言	数电	英语	高数	模电	平均分
20110001.00	76.00	84.00	92.00	78.00	88.00	83.60
20110002.00	72.00	81.00	78.00	70.00	65.00	73.20
20110003.00	60.00	69.00	65.00	64.00	73.00	66.20
20110004.00	90.00	94.00	83.00	85.00	89.00	88.20
20110005.00	79.00	69.00	70.00	81.00	74.00	74.60
20110006.00	75.00	66.00	62.00	71.00	85.00	72.00
20110007.00	66.00	78.00	73.00	65.00	80.00	72.60
20110008.00	82.00	76.00	64.00	75.00	68.00	73.00
20110009.00	85.00	80.00	78.00	84.00	79.00	81.20
20110010.00	78.00	65.00	92.00	66.00	70.00	74.40

因为输入的数据比较多，上面只列出了部分数据输入。下面结合运行结果对程序做如下分析：

(1) 输入部分。

```
1   for(i=0; i<10; i++)
2   {
3       for(j=0; j<7; j++)
4       {
5           printf("请输入第%d 行，第%d 列数据:", i+1, j+1);
6           scanf("%f", &score2[i][j]);
7       }
8   }
```

该部分采用双重循环，外部循环变量 i 指示出行标，内部循环变量 j 指示出列标。

"printf("请输入第%d 行，第%d 列数据:", i+1, j+1);"仅仅作为一个提示信息。日常生活中习惯从 1 开始计数，而 C 语言中是从 0 开始计数，使用 i+1 和 j+1 后，显示出行从 1 开始计数，从而符合我们的日常习惯。

(2) 输出部分。

```
1    for(i=0; i<10; i++)
2    {
3       for(j=0; j<7; j++)
4       {
5           printf("%8.2f", score2[i][j]);
6       }
7       printf("\n");
8    }
```

输出数据时，同样需要双重循环，score2 数组中的数据均为 float 类型，为了保持美观，所以采用%8.2f 格式，每个数据占 8 个单元格，保留两位小数。

外部循环变量 i 控制着行标，内部循环变量 j 控制着列标，以输出每一行中的数据，printf("\n")语句在每一行输出完毕后输出一个回车符号，另起一行输出下一行的数据。若把printf("\n")去掉，则所有的数据都列在一起，看起来就非常混乱。

对于数据的输入和输出，这个程序还有不人性化的地方。

(1) 我们的数据是学号以及各科的成绩，而输入数据时程序只提示第几行、第几列，于是就要边输入数据边数行和列数，容易出错。应该给出提示信息，类似"请输入第 1 个学生学号""请输入 C 语言成绩""请输入数电成绩"等。

(2) 平均分是我们需要计算的，不应该出现在输入步骤中。

(3) 输出数据时，成绩可以保留两位小数，但是学号不可能保留两位小数，因此输出数据的时候必须对学号单独处理，不输出小数。按照习惯，学号应该是一个整数，使用整型变量来存储，但是在数组中不能有两种数据类型，我们暂时采用 float 类型的数据来保存学号，输出的时候不要小数。

下面讨论如何解决这三个问题。

(1) 从上面程序的运行可以看到，当 i=0，j=0 时，输入的数据是第一个学生的学号；

当 i=0,j=1 时,输入的数据是第一个学生 C 语言的成绩;当 i=0,j=2 时,输入的数据是第一个学生数电的成绩……当 i=1,j=0 时,输入的数据是第二个学生的学号;当 i=1,j=1 时,输入的数据是第二个学生 C 语言的成绩……这样我们就可以根据 i 和 j 的取值不同来给出不同的提示信息。可以利用 switch 语句实现根据 j 的取值不同,给出不同的提示语句功能。

(2) 不必输入平均数,只需要保证内部循环中 j 的取值为 0~5 即可。

(3) 学号不带小数,所以在输出数据时需要对 j=0 的情况做特殊处理。

例 6-3 修改后的程序代码如下:

```
1    /*================================
2    *程序名称: input_2.c
3    *功能: 完成成绩输入,
4              这是修改后的版本
5    ================================*/
6    #include <stdio.h>
7    #include <stdlib.h>
8
9    #define    Number   10
10   #define    Grade    7
11
12   int main()
13   {
14       int i,j;
15       float   score2[Number][Grade]={0};
16       /*输入数据*/
17       for(i=0; i<Number; i++)
18       {
19           for(j=0;j<Grade-1; j++)
20           {
21               switch(j)
22               {
23                   case 0:printf("请输入第%d 学生的学号:",i+1); break;
24                   case 1:printf("请输入 C 语言成绩:"); break;
25                   case 2:printf("请输入数电成绩:"); break;
26                   case 3:printf("请输入英语成绩:"); break;
27                   case 4:printf("请输入高数成绩:"); break;
28                   case 5:printf("请输入模电成绩:"); break;
29               }
30               scanf("%f",&score2[i][j]);
31           }
32       }
33       /*输出数据*/
34       printf("学号     C 语言    数电    英语    高数    模电    平均分\n");
```

```
35      for(i=0; i<Number; i++)
36      {
37          for(j=0; j<Grade; j++)
38          {
39              if(0= =j)
40              {
41                  printf("%.0f",score2[i][j]);
42              }
43              printf("%-8.2f",score2[i][j]);
44          }
45          printf("\n");
46      }
47
48      return 0;
49  }
```

这时程序运行的结果如下：

请输入第 1 个学生的学号：**20110001**↵
请输入 C 语言成绩：**76**↵
请输入数电成绩：**84**↵
请输入英语成绩：**92**↵
请输入高数成绩：**78**↵
请输入模电成绩：**88**↵
请输入第 2 个学生的学号：**20110002**↵
⋮
请输入高数成绩：**70**↵
请输入模电成绩：**74.4**↵

学号	C 语言	数电	英语	高数	模电	平均分
20110001	76.00	84.00	92.00	78.00	88.00	0.00
20110002	72.00	81.00	78.00	70.00	65.00	0.00
20110003	60.00	69.00	65.00	64.00	73.00	0.00
20110004	90.00	94.00	83.00	85.00	89.00	0.00
20110005	79.00	69.00	70.00	81.00	74.00	0.00
20110006	75.00	66.00	62.00	71.00	85.00	0.00
20110007	66.00	78.00	73.00	65.00	80.00	0.00
20110008	82.00	76.00	64.00	75.00	68.00	0.00
20110009	85.00	80.00	78.00	84.00	79.00	0.00
20110010	78.00	65.00	92.00	66.00	70.00	0.00

这样，输入和输出的数据都比较完美了。

6.4.2　计算每个人的平均分

计算平均分需要在数据输入之后进行，对每一行列标为 1、2、3、4、5 的数据进行求和，然后除以 5，首先需要定义一个变量 sum 来临时保存成绩的和值，即

　　　float sum;

求平均分的程序段如下：

```
1    for(i=0; i<Number; i++)
2    {
3        for(j=1; j<Grade-1; j++)
4        {
5            sum+=score2[i][j];
6        }
7        score2[i][Grade-1]=sum/5;
8    }
9
```

6.4.3　求出每门课程的平均分

在数组 score2 中，5 门课程的列标为 1～5，所以需要取出每一列数据，然后逐个相加，最后除以 10 来得到平均分。程序段如下所示(注意列数据和行数据的变化)：

```
1    /*求每门课程的平均分，保存于有 6 个元素的数组 average[Grade-1]中*/
2        for(j=1; j<Grade-1; j++)
3        {
4            for(i=0; i<Number; i++)
5            {
6                average[j]+=score2[i][j];
7            }
8            average[j]=average[j]/Number;
9        }
10       for(i=1; i<Grade-1; i++)      //输出各科平均分
11       {
12           printf("各科的平均分如下：\n");
13           printf("C 语言    数电    英语    高数    模电\n");
14           printf("%8.2f",average[i]);
15       }
16
```

思考题：前面在处理 score2 二维数组时，双重循环都是 i 为外部循环变量，j 为内部循环变量，本程序段却是 j 为外部循环变量，i 为内部循环变量，为什么？

解答：求课程的平均分是取每一列的数据，所以外循环是列号，内循环为行号。程序中的其他部分都是定义 i 为行循环变量，保存行号，j 为列循环变量，保存列号。受习惯影响，在整个程序中都会把 i 看作行循环变量，j 看作列循环变量。若为了让 i 为外部循环变量、j 为内部循环变量而让 i 代表列号、j 代表行号，会引起误解，所以此处依然使用 i 为行循环变量，j 为列循环变量。

6.4.4 完整的程序

在解决了所有问题之后，我们把这些程序段写在一起，就构成了完整的程序。

例 6-4 完整的程序。

```
1    /*================================
2    *程序名称：input_3.c
3    *功能：完成成绩输入输出，计算平均分
4    ================================*/
5    #include <stdio.h>
6    #include <stdlib.h>
7
8    #define   Number   10
9    #define   Grade    7
10
11   int main()
12   {
13       int i,j;
14       float   score2[Number][Grade]={0};
15       float   sum;
16       float average[Grade-1]={0};
17
18       /*输入数据*/
19       for(i=0; i<Number; i++)
20       {
21           for(j=0; j<Grade-1; j++)
22           {
23               switch(j)
24               {
25                   case 0:printf("请输入第%d 学生的学号:",i+1); break;
26                   case 1:printf("请输入 C 语言成绩:"); break;
27                   case 2:printf("请输入数电成绩:"); break;
28                   case 3:printf("请输入英语成绩:"); break;
29                   case 4:printf("请输入高数成绩:"); break;
```

```
30              case 5:printf("请输入模电成绩:"); break;
31          }
32          scanf("%f",&score2[i][j]);
33      }
34  }
35  /*求每个人的平均分*/
36  for(i=0; i<Number; i++)
37  {
38      for(j=1; j<Grade-1; j++)
39      {
40          sum+=score2[i][j];
41      }
42      score2[i][Grade-1]=sum/5;
43  }
44  /*求每门课程的平均分，保存于有 5 个元素的数组 average[Grade-2]中*/
45  for(j=1; j<Grade-1; j++)
46  {
47      for(i=0; i<Number; i++)
48      {
49          average[j]+=score2[i][j];
50      }
51      average[j]=average[j]/Number;
52  }
53  for(i=1; i<Grade-1; i++)     //输出各科平均分
54  {
55      printf("各科的平均分如下： \n");
56      printf("C 语言    数电    英语    高数    模电\n");
57      printf("%8.2f",average[i]);
58  }
59  printf("\n");
60
61  /*输出数据*/
62  printf("学号    C 语言    数电    英语    高数    模电    平均分\n");
63  for(i=0;i<Number;i++)
64  {
65      for(j=0;j<Grade;j++)
66      {
67          if(0==j)
68          {
```

69	printf("%.0f",score2[i][j]);
70	}
71	else
72	printf("%-8.2f",score2[i][j]);
73	}
74	printf("\n");
75	}
76	return 0;
77	}
78	

6.5　总　　结

保存具有行和列的表格数据时，需要用二维数组。二维数组与一维数组一样，都是大量的同质数据集合，不过二维数组的元素之间除了左右关系外，还有上下的关系，而一维数组的元素之间只有左右的关系，没有上下的关系。

定义二维数组需要指定数组的行和列，所以有两个下标，一个是行标，另一个是列标。如定义数组：

　　　　float a[3][4] ;

这是一个具有 3 行 4 列的二维数组，共计有 3 × 4 个元素，每个元素都是 float 型数据。

二维数组在内存中按照行来存储，首先存储第 0 行元素，然后再存储第 1 行元素，直到最后一行元素。我们可以把二维数组看作一个一维数组，数组的各元素均是一个一维数组。

对于一维数组，使用 for 语句来取每一个元素，二维数组则需要 for 语句嵌套才能取每一个元素。因此，要使用二维数组，必须对双重循环的执行过程有很好的理解。

6.6　习　　题

一、选择题

1. 若有定义 int a[2][3]，下列选项中数组元素引用正确的是(　　)。

　　A．a[2][1]　　　　　B．a[2][3]　　　　　C．a[0][3]　　　　　D．a[1][1]

2. 有以下程序：

1	#include <stdio.h>
2	int main()
3	{
4	int b[3][3]={0, 1, 2, 0, 1, 2, 0, 1, 2}, i, j, t=1 ;
5	for(i=0; i<3; i++)

6	for(j=1; j<=1; j++)
7	t+=b[i][b[j][i]];
8	printf("%d\n", t);
9	return 0;
10	}

程序运行后的输出结果是(　　)。

  A. 1　　　　　　　　B. 3　　　　　　　　C. 4　　　　　　　　D. 9

  3. 若有定义 int a[3][6]，在内存中按顺序存放，若 a[0][0]是第一个元素，则数组 a 的第 10 个元素是(　　)。

    A. a[1][4]　　　　B. a[1][3]　　　　C. a[0][4]　　　　D. a[0][3]

  4. 合法的数组定义是(　　)。

    A. int a[3][ ]={0, 1, 2, 3, 4, 5};

    B. int a[ ][3] ={0, 1, 2, 3, 4};

    C. int a[2][3]={0, 1, 2, 3, 4, 5, 6};

    D. int a[2][3]={0, 1, 2, 3, 4, 5};

  5. 数组定义为 int a[3][2]={1, 2, 3, 4, 5, 6}，值为 6 的数组元素是(　　)。

    A. a[3][2]　　　　B. a[2][1]　　　　C. a[1][2]　　　　D. a[2][3]

  6. 以下对二维数组 a 的正确定义是(　　)。

    A. int a[3][];　　　　　　　　　　B. float a(3, 4);

    C. double a[1][4];　　　　　　　　D. float a(3)(4);

  7. 若有说明：int a[3][4], 则对 a 数组元素的正确引用是(　　)。

    A. a[2][4]　　　　B. a[1, 3]　　　　C. a[1+1][0]　　　　D. a(2)(1)

  8. 若有说明：int a[3][4], 则对 a 数组元素的非法引用是(　　)。

    A. a[0][2*1]　　　　B. a[1][3]　　　　C. a[4-2][0]　　　　D. a[0][4]

  9. 以下能对二维数组 a 进行正确初始化的语句是(　　)。

    A. int a[2][]={{1, 0, 1}, {5, 2, 3}};

    B. int a[][3]={{1, 2, 3}, {4, 5, 6}};

    C. int a[2][4]={{1, 2, 3}, {4, 5}, {6}};

    D. int a[][3]={{1, 0, 1}, {}, {1, 1}};

  10. 以下不能对二维数组 a 进行正确初始化的语句是(　　)。

    A. int a[2][3]={0};　　　　　　　　B. int a[][3]={{1, 2}, {0}};

    C. int a[2][3]={{1, 2}, {3, 4}, {5, 6}};

    D. int a[][3]={1, 2, 3, 4, 5, 6};

  11. 若有说明：int a[3][4]={0}, 则下面叙述正确的是(　　)。

    A. 只有元素 a[0][0]可得到初值 0

    B. 此数组定义不正确

    C. 数组 a 中各元素都可得到初值，但其值不一定为 0

    D. 数组 a 中各元素均可得到初值 0

二、填空题

1. 下面程序的运行结果是: min=_____, m=_____, n=_____。

```c
#include <stdio.h>
int main()
{
    double array[4][3]={
        {3.4,-5.6,56.7},
        {56.8,999.0 ,-.0123},
        {0.45,-5.77,123.5},
        {43.4,0,111.2}
    };
    int i,j;
    double min;
    int m,n;
    min = array[0][0];
    m=0;n=0;
    for(i=0; i<3; i++)
    for(j=0; j<4; j++)
        if(min > array[i][j])
        {
            min = array[i][j];
            m=i;n=j;
        }
    printf("min=%g,m=%d,n=%d\n",min,m,n);

    return 0;
}
```

2. 下面程序的运行结果是_____。

```c
#include <stdio.h>
int main()
{
    int i,j;
    int x[3][3];
    for (i=0; i<3; i++)
    {
        for (j=0; j<3; j++)
        {
            if((i==j) || (i+j==2))
```

```
11                    x[i][j]=1;
12              else
13                    x[i][j]=0;
14         }
15     }
16
17     for (i=0; i<3; i++)
18     {
19         for (j=0; j<3; j++)
20              printf("%d", x[i][j]);
21         printf("\n");
22     }
23
24     return 0;
25 }
```

3．下面程序的运行结果是_____。

```
1  #include <stdio.h>
2  int main()
3  {
4      int i,x[3][3]={1,2,3,4,5,6,7,8,9};
5      for(i=0; i<3; i++)
6          printf("%d", x[2-i][i]);
7      return 0;
8  }
```

三、编程题

1．输出以下图案：

```
    *****
     *****
      *****
       *****
        *****
```

2．计算一个 3×3 的整型数据矩阵的对角线元素之和。

3．输出"魔方阵"。所谓"魔方阵"是指每一行、每一列和对角线之和均相等的方阵。例如，三阶魔方阵为：

$$8 \quad 1 \quad 6$$
$$3 \quad 5 \quad 7$$
$$4 \quad 9 \quad 2$$

试输出 $1 \sim n^2$ 的自然数构成的魔方阵。

4. 找出一个二维数组中的鞍点，即该位置上的元素在该行上最大、在该列上最小。二维数组中也可能没有鞍点。

5. 两个矩阵相加。通常，矩阵加法被定义在两个相同大小的矩阵。两个 m×n 矩阵 A 和 B 的和，记为 A+B，也是个 m×n 矩阵，各元素为其对应元素之和。例如：

$$\begin{bmatrix} 1 & 3 \\ 1 & 0 \\ 1 & 2 \end{bmatrix} + \begin{bmatrix} 0 & 0 \\ 7 & 5 \\ 2 & 1 \end{bmatrix} = \begin{bmatrix} 1+0 & 3+0 \\ 1+7 & 0+5 \\ 1+2 & 2+1 \end{bmatrix} = \begin{bmatrix} 1 & 3 \\ 8 & 5 \\ 3 & 3 \end{bmatrix}$$

编程实现两个 m×n 矩阵相加。

6. 矩阵相乘。一般地，矩阵乘积只有在第一个矩阵的列数(column)和第二个矩阵的行数(row)相同时才有意义。设 A 为 m×p 的矩阵，B 为 p×n 的矩阵，那么称 m×n 的矩阵 C 为矩阵 A 与 B 的乘积，记作 C=AB，其中矩阵 C 中的第 i 行、第 j 列元素可以表示为

$$(AB)_{ij} = \sum_{k=1}^{p} a_{ik}b_{kj} = a_{i1}b_{1j} + a_{i2}b_{2j} + \cdots + a_{ip}b_{pj}$$

则各矩阵如下：

$$A = \begin{bmatrix} a_{11} & a_{12} & a_{13} \\ a_{21} & a_{22} & a_{23} \end{bmatrix}, \quad B = \begin{bmatrix} a_{11} & b_{12} \\ b_{21} & b_{22} \\ b_{31} & b_{32} \end{bmatrix}$$

矩阵相乘的运算为

$$C = AB = \begin{bmatrix} a_{11}b_{11} + a_{12}b_{21} + a_{13}b_{31} & a_{11}b_{12} + a_{12}b_{22} + a_{13}b_{32} \\ a_{21}b_{11} + a_{22}b_{21} + a_{23}b_{31} & a_{21}b_{12} + a_{22}b_{22} + a_{23}b_{32} \end{bmatrix}$$

即乘积 C 的第 i 行、第 j 列的元素等于矩阵 A 第 i 行元素与矩阵 B 第 j 列对应元素乘积之和。编程使用二维数组实现两个矩阵相乘。

7. 矩阵转置。矩阵转置是矩阵的一种运算，即把一个 m×n 矩阵每个元素的行号和列号互换，形成一个新的 n×m 矩阵。例如矩阵

$$A = \begin{bmatrix} 1 & 2 & 0 \\ 3 & -1 & 4 \end{bmatrix}$$

其转置矩阵为

$$A^T = \begin{bmatrix} 1 & 3 \\ 2 & -1 \\ 0 & 4 \end{bmatrix}$$

项目 7　用结构体处理学生成绩

7.1　项目要求

(1) 掌握 char 数据类型、字符常量、字符串以及字符数组。

(2) 掌握结构体类型数据的定义和使用。

(3) 掌握结构体成员的引用。

7.2　项目描述

在项目 6 中，我们利用二维数组来处理多门课程的成绩问题。对于一个实际使用的成绩表来说，存在以下两个问题：① 学生的姓名在大多数的成绩表中是一个不可缺少的元素，却无法用整型或实型数据来保存，只能用字符串，这就涉及字符串在程序中的使用；② 学号一般保存为整型数据，各科的成绩保存为实型数据，C 语言程序需要将两种不同类型的数据整合到一起。

表 7-1 是一个增加了姓名栏的成绩表。针对表 7-1，本项目将解决以下两个问题：

(1) 计算每个人的平均分。

(2) 求出每门课程的平均分。

表 7-1　学生各科成绩表

学　号	姓名	C 语言	数电	英语	高数	模电	平均分
20110001	杨朝来	76	84	92	78	88	83.60
20110002	蒋平	72	81	78	70	65	73.20
20110003	唐灿华	60	69	65	64	73	66.20
20110004	马达	90	94	83	85	89	87.20
20110005	赵小雪	79	69	70	81	74	74.60
20110006	薛文泉	75	67	62	71	85	72.00
20110007	丁建伟	67	78	73	65	80	72.60
20110008	凡小芬	82	76	64	75	68	73.00
20110009	文彭凤	85	80	78	84	79	81.20
20110010	王景亮	78	65	92	67	70	74.40

7.3　字　符

字符是所有文本数据处理的基础，是理解所有其他文本处理的关键。

7.3.1　数据类型 char

在 C 语言中，单个字符可以用数据类型 char 来表示，字符数据 char 与整型数据 int、实型数据 float 构成了三种基本的数据类型。char 类型变量保存的数据是能在屏幕上显示或在键盘上输入的符号，这些符号(包括字母、数字、标点符号、空格、回车键等)是所有文本数据的基本构件。

7.3.2　ASCII 代码

计算机中只能存储二进制数，因此我们必须给每个字符赋一个编号，这样就可以用这个编号来保存字符。例如我们可以用整数 1 来表示字母 A，整数 2 来表示字母 B…… 用整数 26 来表示字母 Z，然后继续用整数 27、28、29…来表示小写字母、数字、标点符号和其他的字符。尽管设计一台用数字 1 表示字母 A 的计算机在技术上是可行的，但这样做却毫无意义。计算机需要与其他计算机、设备、网络等进行通信，通信必须采用一种公用的编码才能进行。

现在计算机通信上使用的一种基本编码是 ASCII 码，全称为"美国信息交换标准代码"。附录 B 详细列举了 ASCII 码字符以及码值。

通过 ASCII 码，当我们从键盘输入字母 A 时，键盘的硬件会自动把字符转换为 ASCII 码值 65，然后把它发送给计算机；而当计算机要显示字母 A 时，会把 ASCII 码值 65 发送给显示器，屏幕上就出现了字母 A。

7.3.3　字符常量

当我们使用字符时，可以把字符用单引号括起来，构成一个字符常量。例如我们要使用字母 A，只需要写 'A' 即可。C 编译器知道这个符号代表了字母 A 的 ASCII 码值。同样地，'9' 代表了数字 9 的 ASCII 码值。这里需要注意数字 9 和字符 '9' 的区别，'9' 是一个字符，其值为 ASCII 码中字符的值，即 57。

我们在程序中不应使用 65 来代替 'A'，很少有人看到 65 会联想到字母 'A'，而且也难以记住所有的 ASCII 码值，对于字符，只需知道它代表的含义即可。

虽然我们不需要记住每个字符的 ASCII 码值，但是在 ASCII 码表中有三个结构上的特性需要牢记：

(1) 数字 0~9 的 ASCII 码值是连续的，也就是说，只需要给字符 '0' 加上 1 就可以得到 '1' 的 ASCII 码值，加上 9 就可以得到 '9' 的 ASCII 码值。

(2) 字符按顺序分成两段，一段是大写字母(A~Z)，另外一段是小写字母(a~z)。在每一段，ASCII 码值是连续的。因此，为了得到一个字母的 ASCII 码值，可以用 'A' 或者 'a' 加上不同的数值。

(3) 大写字母的 ASCII 码值比小写字母对应的 ASCII 码值小 32，所以如果要把大写字母变成小写字母，只需要加 32 就可以了。同样地，如果把小写字母 ASCII 码值减去 32，就得到了对应的大写字母的 ASCII 码值。

7.3.4　字符输入输出

在项目 2 中讲到，输入、输出函数为 scanf 和 printf，用格式控制字符"%c"来输入、输出字符。

例 7-1　字符输入输出。

```
1   #include <stdio.h>
2   #include <stdlib.h>
3
4   int main()
5   {
6       char ch;
7
8       printf("请输入一个字符：");
9       scanf("%c",&ch);
10
11      printf("输入的字符是：%c\n",ch);
12
13      return 0;
14  }
15
```

该程序运行的结果如下：

请输入一个字符：**d←**
输入的字符是：d

如果要连续输入字符，需要使用两次 scanf 语句，这时会出现一种特殊情况，导致输入错误。

例 7-2　连续输入两个字符。

```
1   /*================================================
2   *程序名称：ex7_2.c
3   *程序功能：连续输入两个字符，这是错误的版本
```

```
4        =========================================*/
5    #include <stdio.h>
6    #include <stdlib.h>
7
8    int main()
9    {
10       char ch1,ch2;
11
12       printf("请输入第一个字符：");
13       scanf("%c",&ch1);
14       printf("请输入第二个字符：");
15       scanf("%c",&ch2);
16
17       printf("输入的两个字符是：%c 和%c\n",ch1,ch2);
18
19       return 0;
20   }
21
```

程序运行的结果如下：

```
请输入一个字符：：a←
请输入第二个字符：输入的两个字符是：a 和
```

我们想从键盘上输入字符 'a' 和 'b' 并分别赋值给 ch1 和 ch2，当输入第一个字符 'a' 后，程序就结束了输入的过程。

ch1 得到了字符 'a'，ch2 呢，输入的是什么字符？答案是换行符 '\n'。

当我们从键盘上输入内容时，并不是立即送给程序处理的，而是首先放在终端的缓冲区中，按下 Enter 键后，缓冲区的数据才会送入程序处理。上面的输入中，一共有 2 个字符 'a' 和 '\n'，第一个 scanf 函数取出第一个字符 'a'，而第二个 scanf 函数就得到了第二个字符 '\n'。但这没有达到我们的目的，所以需要对 '\n' 进行特殊处理，方法就是在 scanf 函数后加一个字符输入函数，并把得到的字符丢弃。

例 7-3　连续两次输入字符。

```
1    /*=========================================
2    *程序名称：ex7_3.c
3    *程序功能：连续输入两个字符，这是正确的版本
```

```
4        ===============================================*/
5    #include <stdio.h>
6    #include <stdlib.h>
7
8    int main()
9    {
10       char ch1,ch2;
11
12       printf("请输入第一个字符：");
13       scanf("%c",&ch1);
14       getchar();
15       printf("请输入第二个字符：");
16       scanf("%c",&ch2);
17       getchar();
18       printf("输入的两个字符是：%c 和%c\n",ch1,ch2);
19
20       return 0;
21   }
22
```

程序运行的结果如下：

请输入一个字符：：a←

请输入第二个字符：b←

输入的两个字符是：a 和 b

函数 getchar()是一个字符输入函数，可以从键盘上得到一个字符，这里没有赋值给任何变量，相当于这个字符被丢弃掉了。这样，当我们在终端输入字符 'a' 并按下 Enter 键后，字符 'a' 会赋值给 ch1，而 Enter 键的键值 '\n' 则被 getchar()函数得到并丢弃掉了，就不会影响到第二个 scanf 函数的输入了。

注意，在用字符输入函数的时候，Enter 键也是一个字符，也可以被存储在字符变量中，若是连续输入，则需要注意其对程序的影响。

7.3.5 转义字符

附录 B 中的大多数字符都比较常见，并且能显示在屏幕上，这些字符称为可打印字符。然而，还有一些特殊字符，它们用来完成某一特定的动作，对于这些字符量，采用转义字符的形式来表示。转义字符均以 "\" 开头。转义字符及其作用如表 7-2 所示。

表 7-2 转义字符及其作用

转义字符	意 义	ASCII 码值(十进制)
\a	响铃(BEL)	007
\b	退格(BS)，将当前位置移到前一列	008
\f	换页(FF)，将当前位置移到下页开头	012
\n	换行(LF)，将当前位置移到下一行开头	010
\r	回车(CR)，将当前位置移到本行开头	013
\t	水平制表(HT) (跳到下一个 TAB 位置)	009
\v	垂直制表(VT)	011
\\	代表一个反斜线字符 "\'	092
\'	代表一个单引号(撇号)字符	039
\"	代表一个双引号字符	034
\0	空字符(NULL)	000
\ddd	1 到 3 位八进制数所代表的字符	三位八进制
\xhh	1 到 2 位十六进制所代表的字符	二位十六进制

在表 7-2 中，\ddd 表示 ASCII 码为 3 位八进制数所代表的字符，如 '\101' 表示 ASCII 码为八进制数 101 的字符，而八进制数 101 对应的十进制数是 65，查附录 BASCII 码表可以知道，其字符为字母 'A'。同样地，\xhh 表示 ASCII 码为 2 位十六进制数值所代表的字符，所以 'A'、'\101' 和 '\x41' 都 表示同一个字符常量。

之前我们在项目 1 中就使用过一个特殊字符，即换行符 '\n'，其含义是换行，用来将光标移动到屏幕下一行的开始位置。除了换行符外，还有其他功能的特殊字符，表 7-2 列出了部分特殊字符，这些字符也称为转义字符。

在机器内部，这些字符都被转换成了 ASCII 码值，如 \0 在机器内部就是数值 0。

当编译器识别到反斜杠字符时，首先把该字符看作转义的第一个字符。如果要表示反斜杠本身，就必须在一对单引号中用两个连续的反斜杠 '\\' 表示。

ASCII 码中的许多特殊字符在实际中很少使用，对于大多数的程序设计人员来说，只要知道换行符 '\n' 和空字符 '\0' 就可以了。

7.3.6 字符运算

在 C 语言中，字符值能像整数一样参与计算，而不需要特别转换。例如，字符 '0' 在计算机内部用 ASCII 码值 48 来表示，在运算时则被当作整数 48 来处理。

尽管对于 char 类型的数值进行任何算术运算都是合法的，但并不是所有的运算都有意义。如在程序中我们对 'A' 和 'B' 进行乘法运算是合法的，计算机将把它们的 ASCII 码值(65 和 66)相乘，得到 4290，但问题是这个整数对于字符来说毫无意义，它已经超出了 ASCII 字符的范围。当进行字符运算时，仅有少量的算术运算是有用的。下面具体列举字符运算常用的几种场合，我们假设有声明 char ch。

(1) 如果 ch 中是一个数字字符，则式子 ch-'0' 可以把字符转换为数字形式。

(2) 如果要判断一个字符是否为数字，则可以用以下形式：

　　if(ch>='0'&&ch<='9') ……

(3) 如果要判断一个字符是否为大写字母，则可以用以下形式：

　　if(ch>='A'&&ch<='Z') ……

(4) 如果要判断一个字符是否为小写字母，则可以用以下形式：

　　if(ch>='a'&&ch<='z') ……

(5) 如果要判断一个字符是否为字母，则可以用以下形式：

　　if((ch>='A'&&ch<='Z')||(ch>='a'&&ch<='z')) ……

例 7-4　输入一个字符，判断其是大写字母、小写字母还是数字字符。

```
1    /*================================================
2    *程序名称：ex7_4.c
3    *功能：输入一个字符，判断其是大写字母、
4    *      小写字母还是数字字符
5    *================================================*/
6    #include <stdio.h>
7    #include <stdlib.h>
8
9    int main()
10   {
11       char ch;
12
13       printf("请输入一个字符：");
14       scanf("%c",&ch);
15
16       if(ch>='0'&&ch<='9')
17           printf("输入了数字字符\n");
18       else if(ch>='A'&&ch<='Z')
19           printf("输入了大写字母\n");
20       else if(ch>='A'&&ch<='Z')
21           printf("输入了小写字母\n");
22       else
23           printf("输入了其他字符\n");
24       return 0;
25   }
26
```

程序运行的结果如下：

请输入一个字符：d←

输入了小写字母

例 7-5 把数字字符串转换为十进制数。

本例题是把一个数字字符串转换为十进制数，如将字符串"5467"转换为十进制数 5467。可以把数字字符串保存在一个字符数组 char str[8] = "5467" 中，则 str[0]的值为字符 '5'，b=str[0]-'0' 把字符转变为数字，用式子 a= a*10+b; 把数值加到数值 a 中。

完整的程序代码如下：

```
1    /*===============================================
2    *程序名称：ex7_5.c
3    *功能：把数字字符串转换为十进制数
4    *===============================================*/
5    #include <stdio.h>
6    #include <stdlib.h>
7
8    int main()
9    {
10
11       char str[10];
12       int a,b;
13       int i;
14       a=0;
15       b=0;
16       scanf("%s", str);
17       for(i=0; str[i]!='\0'; i++)
18       {
29           if(str[i]<'0' || str[i]>'9')break;
20
21           b= str[i]-'0';
22           a = a*10 + b;
23       }
24       printf("数字字符串%s 转换为十进制数是%d\n", str, a);
25       return 0;
26    }
27
```

程序运行的结果如下：

请输入一个数字字符串：54607←

数字字符串 54607 转换为十进制数是 54607

例 7-6　把十进制数转换为数字字符串。

本例题实现了例 7-5 的反向操作，把十进制数转换为数字字符串。完整的程序代码如下：

```
1    /*==========================================
2    *程序名称：ex7_6.c
3    *功能：把十进制数转换为数字字符串
4    *==========================================*/
5    #include <stdio.h>
6    #include <stdlib.h>
7
8    int main()
9    {
10
11       char str[10];
12       int num[10]={0};
13
14       int a;
15       int i,j;
16       int flag =0;
17       printf("请输入十进制数：");
18       scanf("%d",&a);
19       //完成十进制整数 a 的位数拆分，
20       //把 a 的每一位数拆开后放在数组 num 中
21       for(i=9; a!=0; i--)
22       {
23           num[i]= a%10;
24           a =a/10;
25       }
26
27       //把 a 逐位放入字符数组 str 中
28       for(i=0, j=0; i<10; i++)
```

```
29        {
30            if(num[i]==0&&flag==0)continue;
31            flag =1;
32            str[j]=num[i]+'0';
33            j++;
34        }
35        str[i]='\0'; //给字符串添加结束标记
36        printf("数字转换成字符串后为：%s",str);
37        return 0;
38    }
39
```

程序运行的结果如下：

```
请输入十进制数:: 54607←
数字转换成字符串后为：54607
```

接下来对程序进行详细讲解。

(1) 17～18 行语句完成了数据输入功能，假设输入的数是 54607，这时 a 的值为 54607。

(2) 19～25 行语句完成了把数 a 的每一位十进制数进行拆分，把拆分后的数存放在整数数组 num 中。这时 num 中每个元素的值如下所示：

0	0	0	0	0	5	4	6	0	7
num[0]	num[1]	num[2]	num[3]	num[4]	num[5]	num[6]	num[7]	num[8]	num[9]

(3) 27～35 行语句中，str[j]=num[i]+'0'; 把十进制数转换为数字字符，但是在数组 num 中，前 5 个元素 0 不是十进制数 a 的值，所以需要先把这些取值为 0 的值去掉，于是在 for 语句中利用 continue 语句跳过这些取值为 0 的值。

flag 是一个标志位，flag=0 表示正在去掉多余的 0，当 num[i]的取值不是 0 后，flag 取值修改为 1，表示已经开始处理有效的数字，这时 num[i]为 0 也不会跳过了。

7.4　字符串和字符数组

单个字符能表达的意义有限，只有将多个字符组合在一起构成字符串，才能表达一个完整的意思，所以对于字符，更多的是字符串的处理。

在 C 语言的语法中，没有字符串数据类型，也就是说，我们无法声明一个字符串变量，然后用它来存储一个字符串。在 C 语言编程时，字符串常常用字符数组来保存。如声明"char str[5];"则可以通过以下形式来给数组中每个元素赋值:

```
1  str[0]='H' ;
2  str[1]='e' ;
3  str[2]='l' ;
4  str[3]='l' ;
5  str[4]='o' ;
6
```

这样就可以把 "Hello" 这 5 个字符存放在数组 str 中了,如图 7-1 所示。接下来使用如下语句来输出每个字符:

```
1  for(i=0; i<5; i++)
2    printf("%c", str[i]);
3
```

上述单个字符的处理方式不符合日常的使用习惯。通常,我们关心的是字符串表示的意义,而不是包含的字符个数,所以一般很少使用 for 语句来处理字符串问题。

'H'	'e'	'l'	'l'	'o'
str[0]	str[1]	str[2]	str[3]	str[4]

图 7-1

对于任一个字符串,我们只需要指定字符串的开始和结束位置即可。开始位置可以用字符数组的名称来标识,那么结束位置如何标识呢?在 C 语言中,用 ASCII 码值为 0 的特殊字符 '\0' 来标识字符串的结束,所以 '\0' 被称为"字符串结束的标志"。因为字符 '\0' 没有任何的含义,就是一个空字符,所以用它来作为字符串结束的标志最合适不过了。

字符串结束的标志要占用一个字符的位置,也就是说对于字符串 "Hello",需要在内存中用 6 个字节的空间来存放,即 5 个有效字符外加一个字符串结束标志 '\0'。

其实对于任何字符串,C 语言编译器都会自动加上 '\0',如项目 1 中的输出语句

    printf("HelloMOTO!\n") ;

在内存中存放时,系统会自动在最后一个字符 '\n' 的后面加上一个 '\0' 作为字符串结束的标志,所以 printf 语句在执行时会逐个字符输出,当遇到 '\0' 后,停止输出。

这样,对于字符数组的初始化可以有如下的形式:

    char str[ ]={"Hello" };

或者去掉大括号,直接写成

    char str[ ]="Hello" ;

省略了字符数组元素的个数,编译器会自动给字符数组 str 分配 6 个字节的空间。

    例 7-7   字符数组的保存问题。

系统存放字符串时,会自动在最后一个字符后面加上 '\0' 作为字符串结束的标志,所以字符数组的个数应该是字符的个数加 1。下面的程序利用 sizeof 测试字符数组"Hello"的长度,其长度为 6。

```
1    /*=================================================
2    *程序名称：ex7_7.c
3    *功能：判断字符数组的存储空间
4    *=================================================*/
5    #include <stdio.h>
6    #include <stdlib.h>
7
8    int main()
9    {
10       char ch[]="Hello";
11
12       printf("字符串的长度为：%d",sizeof(ch));
13
14       return 0;
15   }
16
```

程序输出的结果如下：

字符串的长度为：6

7.4.1　字符数组的输入和输出

字符数组有两种输入和输出方式：① 逐个字符输入或输出，使用 '%c' 格式控制字符；② 一次性输入或输出，使用'%s' 格式控制字符。如：

```
char str[20];
scanf("%s", str);        //输入字符串
printf("%s \n", str);    //输出字符串
```

对于 '%s' 格式控制字符，应使用数组的名称而不使用数组元素，如上面的输入、输出语句不能写为

```
scanf("%s", str[0]);
printf("%s \n", str[0]);
```

若我们定义一个基本的数据类型，如：

```
int a;
```

并使用

```
scanf("%d", &a);
```

从键盘上输入变量 a 的数值。这里使用了获取地址的符号"&"，而在用 "%s" 格式输入字符串时，却没有使用 "&str" 而直接使用了 "str"，原因如下：

scanf 函数中参数地址表列需要提供变量的地址，对于普通的整型变量，我们需要用"&a"来获取地址。从项目 6 中可以知道，数组名就是数组元素的首地址，即 str 已经是一个地址了，不需要加"&"来获取地址。

例 7-8 字符数组输入输出。

```
1    /*=================================================
2    *程序名称：ex7_8.c
3    *功能：字符数组输入输出
4    *=================================================*/
5    #include <stdio.h>
6    #include <stdlib.h>
7
8    int main()
9    {
10       char ch[10];
11
12       printf("请输入字符串：");
13       scanf("%s",ch);
14
15       printf("字符串为：%s\n",ch);
16
17       return 0;
18   }
19
```

程序运行的结果如下：

```
请输入字符串：Hello←
字符串为：Hello
```

7.4.2 字符串处理函数

在 C 语言函数库中，提供了一些用来处理字符串的函数，下面介绍几个常用的函数。

1. puts 函数

puts 函数的一般形式如下：

puts (字符数组)

puts 函数的作用是将一个字符串(以 '\0' 结束的字符序列)输出到终端。假如有如下声明：

```
char str[ ]="China";
```

则执行 puts(str)，其结果是在终端上输出 China。

2．gets 函数

gets 函数的一般形式如下：

gets(字符数组)

gets 函数的作用是从终端输入一个字符串到字符数组，并且得到一个函数值。该函数值是字符数组的起始地址。如执行下面的函数：

```
gets(str)
```

从键盘输入：

```
Computer↙
```

即可将输入的字符串 "Computer" 送给字符数组 str。

说明：gets 函数会返回一个返回值，该返回值为字符数组 str 的起始地址。一般利用 gets 函数的目的是向字符数组输入一个字符串，而不大关心其返回值。

注意：用 puts 和 gets 函数只能输入或输出一个字符串，不能写成

```
puts(str1, str2)
```

或

```
gets(str1, str2)
```

3．strcat 函数

strcat 函数的一般形式如下：

strcat(字符数组 1，字符数组 2)

strcat 函数的作用是连接两个字符数组中的字符串，把字符串 2 接到字符串 1 之后，结果放在字符数组 1 中，函数调用后得到一个返回值——字符数组 1 的地址。

例如：

```
char str1[30]={"People's  Republic of"};
char str2[ ]={"China"};
print("%s", strcat(str1, str2));
```

输出：

```
People's Republic of China
```

连接字符串前后的状况如图 7-2 所示。

str1:	P	e	o	p	l	e	'	s	␣	R	e	p	u	b	l	i	c	␣	o	f	␣	\0	\0	\0	\0	\0	\0	\0	\0	\0
str2:	C	h	i	n	a	\0																								
str1:	P	e	o	p	l	e	'	s	␣	R	e	p	u	b	l	i	c	␣	o	f	␣	C	h	i	n	a	\0	\0	\0	\0

图 7-2

4．strcpy 函数

strcpy 函数的一般形式如下：

strcpy(字符数组 1，字符串 2)

strcpy 是字符串复制函数，作用是将字符串 2 复制到字符数组 1 中。例如：

```
char str1[10], str2[ ]={"China"};
strcpy(str1, str2);
```

关于 strcpy 函数的几点说明：

(1) 字符数组 1 必须定义得足够大，以便容纳被复制的字符串。字符数组 1 的长度不应小于字符串 2 的长度。

(2) 字符数组 1 必须写成数组名形式(如 str1)；字符串 2 可以是字符数组名，也可以是一个字符串常量，如 strcpy(str1，"China")。

(3) 复制时连同字符串后面的 '\0' 一起复制到字符数组 1 中。

(4) 可以用 strcpy 函数将字符串 2 中的前若干个字符复制到字符数组 1 中。如 strcpy(str1，str2，2)，作用是将 str2 中的前 2 个字符复制到 str1 中，然后再加一个 '\0'。

(5) 不能用赋值语句将一个字符串常量或字符数组直接赋给一个字符数组。如：

```
str1="China";    不合法
str1=str2;       不合法
```

5. strcmp 函数

strcmp 函数的一般形式如下：

    strcmp(字符串 1，字符串 2)

strcmp 函数的作用是比较字符串 1 和字符串 2。例如：

```
strcmp(str1, str2);
strcmp("China", "Korea");
strcmp(str1, "Beijing");
```

比较的结果由函数值带回，分为以下几种情况：

(1) 如果字符串 1=字符串 2，则函数值为 0。

(2) 如果字符串 1>字符串 2，则函数值为一正整数。

(3) 如果字符串 1<字符串 2，则函数值为一负整数。

注意：对于两个字符串的比较，不能用以下形式：

    if(str1>str2) printf("yes");

而只能用

    if(strcmp(str1, str2)>0) printf("yes");

6. strlen 函数

strlen 函数的一般形式如下：

    strlen (字符数组)

strlen 是测试字符串长度的函数，函数的值为字符串的实际长度(不包括 '\0' 在内)。例如：

```
char str[10]={"China"};
printf("%d", strlen(str));
```

输出结果不是 10，也不是 6，而是 5。strlen 函数也可以直接测试字符串常量的长度，如 strlen("China")。

7. strlwr 函数

strlwr 函数的一般形式如下：

strlwr (字符串)

strlwr 函数的作用是将字符串中的大写字母转换成小写字母。

8．strupr 函数

strupr 函数的一般形式如下：

strupr (字符串)

strupr 函数的作用是将字符串中的小写字母转换成大写字母。

7.5　结　构　体

7.5.1　定义新的结构体类型

在表 7-1 中，每个学生都有如下几项：

学号	姓名	C 语言	数电	英语	高数	模电	平均分

其中，学号用 int 类型的变量来存储，姓名用字符数组来保存，各科成绩和平均分可以用 double 类型的变量来存储。这些信息都是相互关联的，如果分开存储势必会造成混乱，所以必须要把这些不同类型的数据组合到一起，构成一个整体，在 C 语言中，可以声明一种新的数据类型——结构体类型来解决。数组用来处理大量的同质数据，而结构体则用来处理不同质的数据。

声明一个结构体类型的形式如下：

sruct 结构体名称

{

　　　成员表列；

};

注意不要漏写大括号后的分号。

针对成绩处理问题，我们可以定义一个新的结构体：

```
1    struct   StudentScores
2    {int   StudentNumber;              //学号
3     char   StudentName[20];           //姓名
4     double   CPrograme;               //C 语言成绩
5     double   DigitalElectronic;       //数电成绩
6     double   English;                 //英语成绩
7     double   Math;                    //数学成绩
8     double   AnalogElectronic;        //模电成绩
9     double   Average;                 //平均分
10   };
11
```

这样，我们就向编译器声明了一个结构体类型，其中 struct 是一个关键字，表明这是一个结构体，StudentScores 是结构体的名字，而大括号内的内容就是结构体包含的各个成员。这个结构体中含有一个 int 类型的数据 StudentNumber、一个 char 类型的数组 StudentName 及 6 个 double 类型的数据。

应当说明，struct StudentScores 是一个数据类型的名称，与 C 语言提供的标准类型(如 int、double、char)具有相同的作用，都可以用来定义变量，只不过结构体类型需要程序设计者自己定义而已。

7.5.2　定义结构体类型变量的方法

定义结构体类型变量可以采取以下 3 种方法：

(1) 先声明结构体类型，再定义变量名。如前面已经定义了结构体 struct StudentScores，那就可以定义变量

   struct　StudentScores Student1，Student2 ;

(2) 在声明类型的同时定义变量。一般定义形式如下：

   struct　结构体名

    {

      成员表列

    } 变量名表列;

如

```
1    struct    StudentScores
2    {
3      int    StudentNumber;
4      char    StudentName[20];
5      double    CProgame;
6      double    DigitalElectronic ;
7      double    English;
8      double    Math;
9      double    AnalogElectronic ;
10     double    Average ;
11   }Student1, Student2;
```

(3) 直接定义结构体类型变量。一般定义形式如下：

   struct

   {

     成员表列

   }变量名表列;

该方式中不出现结构体名。

```
1    struct
2    {
```

3	int StudentNumber;
4	char StudentName[20];
5	double CPrograme;
6	double DigitalElectronic ;
7	double English;
8	double Math;
9	double AnalogElectronic ;
10	double Average ;
11	}Student1, Student2;

以上语句中定义了两个变量 Student1、Student2，变量的类型是 struct StudentScores。编译器会在内存中为这两个变量预留保存空间。图 7-3 用方框来表示这两个变量。

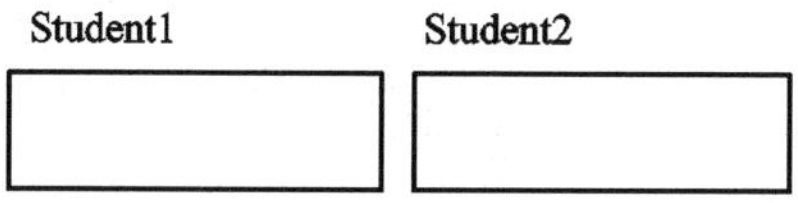

图 7-3

每个方框内部又有 8 个成员，如图 7-4 所示。

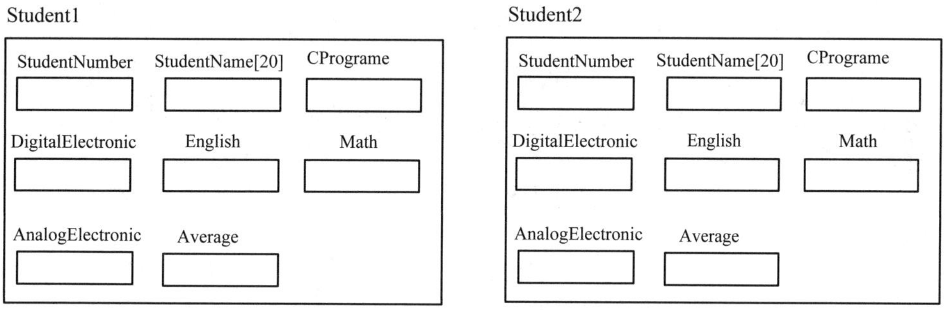

图 7-4

通常我们推荐使用第一种方式来定义变量。

7.5.3 结构体变量的初始化

我们可以在定义结构体变量的同时给结构体变量成员进行赋值。如：

1	struct StudentScores Student1 ={20110001,"杨朝来",76,84,92,78,88 };
2	struct StudentScores Student2={20110002,"蒋平",72,81,78,70,65};
3	

这样以上两个结构体变量便具有了初始值。

7.5.4 使用结构体变量

结构体是一种构造的数据类型。使用结构体变量时，不能直接使用变量名，因为变量名已表示一个总体的概念，而应该引用变量内部的成员名。引用成员名的方法如下：

　　　　结构体变量名.成员名

例如，要使用 Student1 中的 Math 成员，则需要写

　　　　Student1.Math

这里使用的 "." 是一个点运算符，专门用于结构体引用成员，读作"点"。

　　当我们定义一个结构体后，就可以对结构体的成员进行赋值。如：

1	Student1.StudentNumber=20110001;
2	strcpy(Student1.StudentName,"杨朝来");
3	Student1.CProgame=76;
4	Student1.DigitalElectronic =84;
5	Student1.English=92;
6	Student1.Math=78;
7	Student1.AnalogElectronic=88;
8	

　　上述语句完成了对第一个学生相关信息的赋值。对于学生姓名的赋值方式很特殊，使用了 strcpy 函数，而没有直接使用 Student1.StudentName="杨朝来"，这是因为成员 StudentName 是一个字符数组，而对于字符数组，我们无法直接使用赋值运算符 "=" 来进行赋值，而只能使用 strcpy 函数来进行赋值。其他各个成员都已经是最基本的数据类型，所以可以使用 "=" 来赋值。这就是说，对于结构体成员，还是保留了其原来的特性，如果成员是一个整型数据，那么它就具有整型数据的所有特性，只不过在引用这个数据时有所区别而已。

　　那么，可不可以定义一个结构体类型，其中的一个成员也是结构体？答案是：可以。例如下述代码：

1	struct date
2	{
3	int　　month;
4	int　　day;
5	int　　year;
6	};
7	struct　　personnel
8	{
9	int number;
10	char name[20];
11	char sex;
12	int age;
13	struct date birthday;
14	char address[30];
15	};

先声明一个 struct date 类型，它代表"日期"，包括 3 个成员：month(月)、day(日)、year(年)。然后在声明 struct personnel 类型时，将成员 birthday 指定为 struct date 类型，如图 7-5 所示。

number	name	sex	age	birthday			address
				month	day	year	

图 7-5

例 7-9　个人信息结构体。

```
1   #include <stdio.h>
2   #include <stdlib.h>
3   #include<string.h>
4   struct date    //定义结构体类型
5   {
6       int    month;
7       int    day;
8       int    year;
9   };
10  struct   personnel   //定义结构体类型
11  {
12      int number; //编号
13      char name[20];//姓名
14      char sex;//性别
15      int age; //年龄
16      struct date birthday;//生日
17      char address[30]; //地址
18  };
19  int   main()
20  {
21      int i;
22      struct personnel person;//定义结构体变量
23      person.number = 1001;
24      strcpy(person.name,"ZhangWei");
25      person.sex = 'M';
26      person.age = 18;
27      person.birthday.year = 2003;
28      person.birthday.month = 3;
29      person.birthday.day = 16;
30      strcpy(person.address,"ChongQing");
```

```
31
32       printf("个人编号: %d\n",person.number);
33
34       printf("姓名: ");
35       for(i=0;person.name[i]!='\0'; i++)
36       {
37            printf("%c", person.name[i]);
38       }
39       putchar('\n');
40
41       printf("性别: %c\n", person.sex);
42
43       printf("年龄: %d\n", person.age);
44
45       printf("出生日期: %d 年%d 月%d 日\n",
46                person.birthday.year, person.birthday.month, person.birthday.day);
47
48       printf("地址: %s\n", person.address);
49
50       rcturn 0;
51    }
52
```

程序运行的结果如下:

```
个人编号: 1001←
姓名: ZhangWei←
性别: M←
年龄: 18←
出生日期: 2003 年 3 月 16 日←
地址: ChongQing←
```

在使用 struct 结构体变量的时候，需要用"."引用直到成员是基本变量的成员才能进行计算和输入/输出，如果成员不是基本变量，还需要继续引用。

结构体 struct personnel 有 6 个成员，其中 number、sex、age 均是基本数据类型，可以直接引用；name[20]和 address[30]是字符数组，用于存储字符串，需要用字符串的方式来访问，程序中使用了两种输出方式，一种是利用"%c"格式输出单个字符，另一种是利用"%s"输出字符串。

7.5.5　结构体数组

项目 2 中介绍了三种基本数据类型 int、double 和 char，我们利用它们在项目 5 创造了数组，而现在又利用它们创造了结构体。从上面的例子可以看到，在结构体中可以有数组成员(如 char StudentName[20];)。当然，我们也可以创造一个数组，数组的每个元素都是结构体。如：

　　　　struct StudentScores student[10] ;

这样便定义了一个包含 10 个元素的数组，每个元素的类型都是 struct　StudentScores。这个数组用来保存 10 个学生的信息。我们定义的杨朝来和蒋平的信息恰好可以用来作为数组的前两个元素，如图 7-6 所示。

student

0	20110001	杨朝来	76	84	92	78	88	83.60
1	20110002	蒋平	72	81	78	70	65	73.20

图 7-6

这样我们就可以引用数组中的任何一个元素了。如 Student[0]可以引用杨朝来的一系列数据，如下所示：

20110001	杨朝来	76	84	92	78	88	83.60

而 Student[0].StudentNumber 则可以引用杨朝来的学号，如下所示：

20110001

7.6　解决项目问题

在本项目开篇时提出的两个问题都已解决，下面给出完整的程序。

例 7-10　利用结构体处理班级成绩。

```
1    /*=================================
2    *程序名称：score-struct.c
3    *功能：利用结构体处理班级成绩
4    =================================*/
5    #include <stdio.h>
6    #include <stdlib.h>
7    #include <string.h>
8
9    #define   Number   2   //10 个学生
10   #define   Grade   5    //5 门功课
11
12   /*定义学生成绩结构体*/
```

```
13    struct    StudentScores
14    {
15        int    StudentNumber;
16        char    StudentName[20];
17        float    CPrograme;
18        float    DigitalElectronic ;
19        float    English;
20        float    Math;
21        float    AnalogElectronic ;
22        float    Average ;
23    };
24
25
26    int main()
27    {
28        struct    StudentScores student[Number];
29        int i;
30        float average[Grade]={0};
31        /*输入数据*/
32        for(i=0;i<Number;i++)
33        {
34            printf("请输入第%d 个学生的学号：",i+1);
35            scanf("%d",&student[i].StudentNumber);
36            printf("请输入姓名：");
37            scanf("%s",student[i].StudentName);
38            printf("请输入 C 语言成绩：");
39            scanf("%f",&student[i].CPrograme);
40            printf("请输入数电成绩：");
41            scanf("%f",&student[i].DigitalElectronic);
42            printf("请输入英语成绩：");
43            scanf("%f",&student[i].English);
44            printf("请输入高数成绩：");
45            scanf("%f",&student[i].Math);
46            printf("请输入模电成绩：");
47            scanf("%f",&student[i].AnalogElectronic);
48        }
49
50        /*计算每个学生的平均分*/
51        for(i=0;i<Number;i++)
```

```
52          {
53              student[i].Average=(student[i].CProgame
54              +student[i].DigitalElectronic+student[i].English
55              +student[i].Math+student[i].AnalogElectronic)/(Grade);
56          }
57      /*求每门功课的平均分，保存于有 5 个元素的数组 average[Grade]中*/
58      /*求 C 语言成绩*/
59      for(i=0;i<Number;i++)
60      {
61          average[0]+=student[i].CProgame;
62      }
63      average[0]=average[0]/Number;
64
65      /*求数电成绩*/
66      for(i=0;i<Number;i++)
67      {
68          average[1]+=student[i].DigitalElectronic;
69      }
70      average[1]=average[1]/Number;
71
72       /*求英语成绩*/
73      for(i=0;i<Number;i++)
74      {
75          average[2]+=student[i].English;
76      }
77      average[2]=average[2]/Number;
78
79       /*求高数成绩*/
80      for(i=0;i<Number;i++)
81      {
82          average[3]+=student[i].Math;
83      }
84      average[3]=average[3]/Number;
85
86       /*求模电成绩*/
87      for(i=0;i<Number;i++)
88      {
89          average[4]+=student[i].AnalogElectronic;
90      }
```

91	average[4]=average[4]/Number;
92	
93	printf("\n 各科的平均分如下：\n");
94	printf("C 语言　数电　英语　高数　模电\n");
95	for(i=0;i<Grade;i++)　　//输出各科平均分
96	{
97	printf("%-7.2f",average[i]);
98	}
99	
100	
101	/*输出数据*/
102	printf("\n 学号　姓名　　C 语言　　数电　英语　　高数　　模电　平均分\n");
103	for(i=0;i<Number;i++)
104	{
105	printf("%-7d",student[i].StudentNumber);
106	printf("%-7s",student[i].StudentName);
107	printf("%-7.2f",student[i].CPrograme);
108	printf("%-7.2f",student[i].DigitalElectronic);
109	printf("%-7.2f",student[i].English);
110	printf("%-7.2f",student[i].Math);
111	printf("%-7.2f",student[i].AnalogElectronic);
112	printf("%-7.2f",student[i].Average);
113	printf("\n");
114	}
115	return 0;
116	}

7.7　typedef 自定义数据类型

前面我们利用 struct 关键字创造了一种结构体数据类型，然后再用这种数据类型定义变量。C 语言还有一个类似的关键字 typedef，不过 typedef 没有创造数据类型，而是为已经存在的数据类型设置一个新的名称，用这种方式声明的变量与通过普通方式声明的变量具有完全相同的属性。这里的数据类型包括内部数据类型(int、char 等)和自定义的数据类型(struct 等)。

在编程中使用 typedef，除了可以为变量取一个简单易记且意义明确的新名字之外，还可以简化一些比较复杂的类型声明。如：

　　　typedef int　INT32;

将 INT32 定义为与 int 具有相同意义的名字，这样，类型 INT32 就可用于类型声明和类型转换了，它和类型 int 完全相同。如：

   INT32 a;   //定义整型变量 a，相当于 int a;

   (INT32) b;   //将其他的类型 b 转换为整型，相当于(int)b;

  typedef 有助于创建平台无关类型，甚至能隐藏复杂和难以理解的语法。使用 typedef 可编写出更加美观和可读性强的代码。例如，某种微处理器的 int 为 16 位，long 为 32 位。如果要将该程序移植到另一种体系结构的微处理器中，假设编译器的 int 为 32 位，long 为 64 位，而只有 short 才是 16 位的，因此必须将程序中的 int 全部替换为 short，long 全部替换为 int，如此修改势必造成工作量巨大且容易出错。如果将它取一个新的名字，然后在程序中全部用新取的名字，那么要移植的工作仅仅只是修改定义这些新名字即可。也就是说，只需要将以前的

   typedef int INT16;

   typedef long INT32;

替换为

   typedef short INT16;

   typedef int INT32;

  typedef 还可以用于数组，如：

   typedef int Num[100];

若作如下定义：

   Num a;

则相当于定义了：

   int a[100];

应用于结构体中，代码如下：

```
1   typedef struct
2   {
3       int month;
4       int day;
5       int year;
6   }Date;
7
```

作如下定义：

   Date birthday;

如此便定义了结构体类型量 birthday，相当于

```
1   struct
2   {
3       int month;
4       int day;
5       int year;
6   }birthday;
```

7.8　总　　结

在 C 语言中，字符变量可以用数据类型 char 来声明，字符数据 char 与整型数据 int、实型数据 float 构成了三种基本的数据类型。字符数据在内存中存储了其对应的 ASCII 码值，占一个字节，为了与变量名相区分，字符数据用单引号(')包括。

在 C 语言编程时，字符串常常用字符数组来保存，用 ASCII 码值为 0 的特殊字符 '\0' 来标识字符串的结束，所以 '\0' 被称为"字符串结束的标志"。字符数组有两种输入和输出方式：使用 '%c' 格式控制字符逐个地输入或输出，'%s' 格式控制字符一次性输入或输出。

字符串有专门的处理函数，puts 和 gets 函数可以输出和输入字符串，而 strcpy 函数可以把一个字符串存放到另一个字符数组中。

若需要把不同的数据类型看作一个整体来处理，则可以声明结构体数据类型，然后用该结构体数据类型来定义所需要的变量。声明一个结构体类型的形式如下：

> sruct 结构体名称
>
> {
>
> 　　成员表列；
>
> };

结构体中所包含的其他数据类型称为成员。我们无法直接使用结构体变量，只能对结构体变量的成员进行操作，引用成员名的方法如下：

> 结构体变量名.成员名

使用 typedef 可以为已经存在的数据类型设置一个新的名字。在编程中使用 typedef，除了可以为变量取一个简单易记且意义明确的新名字之外，还可以简化一些比较复杂的类型声明，同时增加了程序的可移植性。

7.9　习　　题

一、选择题

1. 以下能正确判断字符型变量 k 的值为小写字母的表达式是(　　)。

　　A．k>=a || k<=z
　　　　　　　　　　B．k>='a' || k<='z'

　　C．k>="a" && k<="z"
　　　　　　　　　　D．k>='a' && || k<='z'

2. 已知 char a[ ] = "abc";和 char b[4]={'a', 'b', 'c', 'd'};这两个数组，则下列描述中正确的是(　　)。

　　A．a 数组和 b 数组完全相同
　　　　　　B．a 数组和 b 数组长度相等

　　C．a 数组长度比 b 数组长
　　　　　　D．b 数组长度比 a 数组长

3. 若程序中有以下的说明和定义：

| 1 | struct abc |
| 2 | { |

3	int x;
4	char y;
5	}
6	struct abc s1,s2;
7	

则会发生的情况是(　　)。

　　　A．程序编译时错

　　　B．程序能通过编译、链接、执行

　　　C．程序能通过编译、链接，但不能执行

　　　D．程序能通过编译，但链接出错

　4．以下叙述中错误的是(　　)。

　　　A．可以通过 typedef 增加新的类型

　　　B．可以用 typedef 将已存在的类型用一个新的名字来代表

　　　C．用 typedef 定义新的类型名后，原有类型名仍有效

　　　D．用 typedef 可以为各种类型起别名，但不能为变量起别名

　5．以下选项中不能正确把 cl 定义成结构体变量的是(　　)。

　　　A．typedef struct 　　　　　　　B．struct color

　　　　{int red; 　　　　　　　　　　　　{ int red;

　　　　 int green; 　　　　　　　　　　　int green;

　　　　 int blue; 　　　　　　　　　　　int blue;

　　　　} COLOR; 　　　　　　　　　　}cl;

　　　　　COLOR cl;

　　　C．struct color 　　　　　　　　D．struct

　　　　{ int red; 　　　　　　　　　　{int red;

　　　　　 int green; 　　　　　　　　　int green;

　　　　　 int blue; 　　　　　　　　　int blue;

　　　　}cl; 　　　　　　　　　　　　}c1;

　6．设有以下语句：

1	typedef struct S
2	{
3	int g;
4	char h;
5	} T;
6	

则下列叙述中正确的是(　　)。

　　　A．可用 S 定义结构体变量

　　　B．可用 T 定义结构体变量

　　　C．S 是 struct 类型的变量

D. T 是 struct S 类型的变量

7. 以下对结构体类型变量 td 的定义中，错误的是(　　)。

A. typedef struct aa
    { int n;
      float m;
    }AA;
    AA td;

B. struct aa
    { int n;
      float m;
    };
    struct aa td;

C. struct
    { int n;
      float m;
    }aa;
    struct aa td;

D. struct
    { int n;
      float m;
    }td;

8. 根据下面的定义，能打印出字母 M 的语句是(　　)。

```
1   struct person
2   {
3       char name[9];
4       int age;
5   };
6   struct person class[10]={"John",17, "Paul",19,"Mary",18, "Adam",16};
7
```

A. printf("%c\n", class[3].name);
B. printf("%c\n", class[3].name[1]);
C. printf("%c\n", class[2].name[1]);
D. printf("%c\n", class[2].name[0]);

9. 下面程序的输出结果是(　　)。

```
1    #include<stdio.h>
2    int main()
3    {
4        struct cmplx
5        {
6            int x;
7            int y;
8        } cnum[2]={1,3,2,7};
9
10       printf("%d\n",cnum[0].y /cnum[0].x * cnum[1].x);
11
12       return 0;
13   }
14
```

A. 0   B. 1   C. 3   D. 6

10．有以下程序：

```
1   #include <stdio.h>
2   int main()
3   {
4       char s[]={"012xy"};
5       int i,n=0;
6       for(i=0; s[i]!=0; i++)
7           if(s[i]>='a'&&s[i]<='z')
8               n++;
9
10      printf("%d\n",n);
11
12      return 0;
13  }
14
```

程序运行后的输出结果是(   )。

  A．0   B．2   C．3   D．5

11．有以下程序：

```
1   #include <stdio.h>
2   int main()
3   {
4       char s[]="012xy%08s34f4w2";
5       int i,n=0;
6
7       for(i=0; s[i]!=0; i++)
8           if(s[i]>='0'&&s[i]<='9')
9               n++;
10
11      printf("%d\n",n);
12
13      return 0;
14  }
```

程序运行后的输出结果是(   )。

  A．0   B．9   C．12   D．15

12．有以下程序：

```
1   #include <stdio.h>
2   int main()
```

3	{
4	char x[]="string";
5	x[0]=0;
6	x[1]='\0';
7	x[2]='0';
8	printf("%d, %d\n", sizeof(x), strlen(x));
9	
10	return 0;
11	}
12	

程序运行后的输出结果是(　　)。

    A．6, 1   B．6, 0   C．7, 1   D．7, 0

13．下列选项中，能够满足"若字符串 s1 等于字符串 s2，则执行 x−0"的语句是(　　)。

    A．if(strcmp(s2, s1)= =0) x=0;   B．if(s1= =s2) x=0;

    C．if(strcpy(s1, s2)= =1) x=0;   D．if(s1−s2= =0) x=0;

14．以下 4 个字符串函数中，(　　)所在的头文件与其他 3 个不同。

    A．gets   B．strcpy   C．strlen   D．strcmp

15．设有定义：char s[12] = "string"，则 printf("%d\n", strlen(s)); 语句的输出结果是(　　)。

    A．6   B．7   C．11   D．12

16．设有定义：char s[12] = "string"，则 printf("%d\n", sizeof(s));语句的输出结果是(　　)。

    A．6   B．7   C．11   D．12

17．下列各语句定义的数组中，不正确的是(　　)。

    A．char a[3][10]={"China", "American", "Asia"};

    B．int x[2][2]={1, 2, 3, 4};

    C．float x[2][ ]={1, 2, 4, 6, 8, 10};

    D．int m[][3]={1, 2, 3, 4, 5, 6};

18．若有以下说明和语句，则输出结果是(　　)。

    (strlen(s)为求字符串 s 的长度的函数)

    char s[12]="a book!";

    printf("%d"，strlen(s));

    A．12   B．8   C．7   D．11

二、填空题

1．以下程序用来输出结构体变量 ex 所占存储单元的字节数，请将程序填写完整。

1	#include <stdio.h>
2	struct st
3	{
4	char name[20];

```
5          double score;
6      };
7      int main()
8      {
9          struct   st   ex;
10         printf("ex size: %d\n",sizeof(_____));
11
12         return 0;
13     }
```

2. 下面程序的功能是将字符串 str 的内容颠倒过来，请将程序填写完整。

```
1      #include <stdio.h>
2      int main()
3      {
4          int i, j, k;
5          char str[]={"1234567"};
6
7          for(i=0,j=_____; i<j; i++,j--)
8          {
9              k=str[i];
10             str[i]= str[j];
11             str[j]=k;
12         }
13         printf("%s",str);
14         return 0;
15     }
16
```

3. 读懂下面的程序并填空。

```
1      #include <stdio.h>
2      int    main()
3      {
4        char str[80];
5        int i=0;
6        gets(str);
7        while(str[i]!=0)
8        {
9          if(str[i]>='a'&&str<='z')
10           str[i]-=32;
11         i++;
```

12	}
13	puts(str);
14	return 0;
15	}
16	

程序运行时如果输入 upcase，则屏幕显示_____。

程序运行时如果输入 Aa1Bb2Cc3，则屏幕显示_____。

4. 阅读以下程序，分析程序的功能。

1	#include <stdio.h>
2	#include <string.h>
3	int main( )
4	{
5	char s[80];
6	int i ;
7	for(i=0; i<80; i++)
8	{
9	s[i]=getchar( );
10	if(s[i]= ='\n') break;
11	}
12	s[i]='\0'; i=0;
13	while(s[i])
14	putchar(s[i++]);
15	
16	putchar('\n');
17	
18	return 0;
19	}
20	

5. 运行下列程序，输入 Fortran Language <enter>，则程序的输出结果为_____。

1	#include<stdio.h>
2	int main( )
3	{
4	char str[30];
5	scanf("%s" , str);
6	printf("%s" , str);
7	return 0;
8	}

三、编程题

1. 编写一个程序，将两个字符串连接起来，要求不使用 strcat 函数。

2. 编写一个程序，对两个字符串 s1 和 s2 进行比较，若 s1 > s2，则输出一个正数；若 s1 = s2，则输出 0；若 s1 < s2，则输出一个负数，要求不使用 strcmp 函数，输出的正数或者负数应该是相比较的两个字符串对应字符 ASCII 码的差值。例如 'a' < 'c'，应该输出一个负数，而两者的 ASCII 码值相差 2，所以应该输出 "–2"，而 "computer" 与 "compare" 比较，则由于第 4 个字母 "u" 比 "a" 大 20，所以应输出 "20"。

3. 编写一个程序,将字符数组 s2 中的全部字符复制到字符数组 s1 中,要求不使用 strcpy 函数，复制时， '\0' 也要复制过去， '\0' 后面的字符不要复制。

4. 从键盘输入一个字母，判断其是元音还是辅音。

5. 计算字符串的长度，不使用 strlen 函数。

6. 字符串翻转，把一个字符串逆序输出。

7. 查找字符在字符串中出现的次数。

8. 字符串排序。从键盘输入 10 单词，按照字典的顺序对这些单词进行排序。

9. 使用结构体(struct)将两个复数相加。

10. 删除字符串中除字母外的字符。

11. 计算两个时间段的差值。

12. 输入一行字符，分别统计出其中英文字母、空格、数字和其他字符的个数。

13. 删除一个字符串中的指定字母。

项目 8　编写一个日历程序

8.1　项目要求

(1) 掌握自顶向下、逐步细化的设计思维方式。
(2) 了解函数的概念，会自己编写需要的函数。
(3) 掌握函数的参数传递。

8.2　项目描述

本项目的任务是编写一个可以显示日历的程序，只要输入一个年份，程序就会显示出当年的日历，按照下面的形式显示每一个月：

2012 年九月

日	一	二	三	四	五	六
						1
2	3	4	5	6	7	8
9	10	11	12	13	14	15
16	17	18	19	20	21	22
23	24	25	26	27	28	29
30						

当我们编写一个程序时，应首先从主程序出发，将任务作为一个整体来考虑，再分析实现整个任务的主要步骤。一旦确定了程序的主要步骤，就可以进行细化，即把这些步骤细化为更加具体的步骤，这样一直细化下去，直到每个步骤都非常容易实现为止。这种设计方法称为"自顶向下的设计"。

项目 4 中讲解了结构化程序设计的概念，其中提到了"自顶向下、逐步求精"的设计思想，而实现这种思想的一个很重要的方法就是模块化设计。在 C 语言中，模块是由函数构成的。在编写日历程序之前，我们首先要详细讨论函数的相关问题。

8.3　函　　数

函数是一组语句，这组语句有一个名字，我们可以用这个名字来表示一组操作，这样就可以使程序变得更短、更简单。如果没有函数，那么随着程序规模和复杂度的增加，即便是一个功能简单的程序也将变得不易管理。

8.3.1 库函数

我们在项目 1 的第一个广告程序中只用了一个语句，而这个语句就是调用的 printf 函数：

    printf("Hello MOTO!\n");

一个函数提供了一组用于完成某一操作的程序设计步骤，从这个角度上来说，函数和程序是类似的。函数和程序的区别在于谁来使用它。当我们启动一个应用时，就运行了一个完成某些指定操作的程序，因此，程序是被外部用户调用的，服务于外部用户；而函数则可以由程序来调用，并为之提供一组操作，即函数是在程序内部进行调用的，服务于程序。

函数提供了一组完成特定操作步骤的语句，并且有一个名字。执行与函数有关的这一组语句的行为称为调用函数。在 C 语言中，调用一个函数的方法是写一个函数名，后跟一组括在圆括号中的表达式。这些表达式称为实际参数，是调用程序传送给函数的信息。在 HelloMOTO.c 程序中，我们使用 printf 函数在屏幕上显示字符，就需要告诉 printf 函数显示什么内容，这个内容就是 printf 后圆括号内的内容。如果函数不需要从它调用的程序那里获取信息，就不需要写实际参数，调用函数时圆括号内留空即可。

函数调用机制会自动处理调用函数需要的工作以及调用结束后精确地返回到调用点等相关问题。函数调用完成，返回到调用程序的操作称为函数返回。在返回时，函数能够将结果返回给调用程序。

在 C 语言中，函数调用是一个简单的表达式，它可以出现在任何表达式可以出现的地方；而且函数的实际参数也是一个表达式，它本身可以包含函数调用或者任何合法的表达式。编译器提供的可在 C 语言源程序中调用的函数称为库函数。

接下来介绍数学库函数中的一些标准函数。在数学库函数中，包含了许多代数和三角标准数学函数，如平方根函数 sqrt、正弦函数 sin 和余弦函数 cos 等。这些函数都含有 double 类型的实际参数和返回值，可用在简单的 C 语言程序中，如求 3 的平方根可以使用 root3=sqrt(3.0)；更为复杂一点的计算，如距离公式 $distance = \sqrt{x^2 + y^2}$，即计算点(x，y)到原点的距离，在 C 语言中，可以用如下语句实现：

    distance=sqrt(x*x+y*y);

数学库函数中的重要函数参见附录 D。

8.3.2 函数声明

如同变量的声明一样，函数在使用之前也需要声明。在 C 语言中，函数的声明定义了：① 函数的名字；② 每个参数的类型和名字；③ 函数返回值的类型。

C 语言中，对函数的声明称为函数原型，其格式如下：

    函数返回值类型 函数名称(参数类型 1 参数名称 1，参数类型 2 参数名称 2，…)；

函数返回值类型指出了函数返回值的数据类型，函数的名称表明函数的名字，圆括号内是参数的表列，依次列举传递给这个函数的参数的类型和名字。

如数学库函数中，sqrt 的函数原型为

    double sqrt(doubel x);

这个原型说明函数 sqrt 有一个参数，它的类型是 double，同时返回一个 double 类型的值。

需要注意的是，函数的原型指定了调用程序和函数之间传递的值的类型，从原型中看不出真正的语句，甚至看不出函数要做什么，要使用这个函数，必须知道返回值是参数 x 的平方根。不过，C 编译器只需知道 sqrt 需要一个 double 类型的参数，并且返回一个 double 类型的值。函数的作用是通过函数名和相关的说明文档告诉程序员的。

为程序员提供有用信息的另一个途径是为每一个参数提供一个描述性的名字，该名字可以标识特定参数的作用。例如数学库函数中的 sin 被声明为

      double sin(double angleInRadians);

则可以提供更多的信息。函数的名称是 sin，表明是一个求正弦的函数；double 类型参数的名称是 angleInRadians，它是以弧度表示的一个角度，在写函数时，应为参数指定一个有意义的名字，这样方便其他人理解。

如果函数没有参数，则可以用 C 语言的特殊关键词 void 作为参数说明；若函数没有返回值，也可以用 void 作为函数的返回值类型。如在 C 语言 stdlib.h 函数库中，有一个终止程序执行的函数，其原型如下：

      void abort(void);

abort 函数的函数类型和参数类型都是 void，表明该函数不需要传递参数，也不返回任何值。

8.3.3　自己编写函数

对于库函数可以不必了解它内部是如何工作的，只需要会使用即可，但是在某些时候，我们在库函数中找不到合适的函数，就需要自己来定义函数。

在程序中增加一个函数主要有以下两个步骤：

(1) 指定函数的原型，通常写在程序开头，位于 #include 之后。

(2) 在程序稍后的部分，给出这个函数的实现。

函数的原型比较简单，仅仅指出了参数和返回值的类型，而函数的实现比较复杂，它需要提供函数实现的细节。

在编写一个函数的时候，最好从它的原型开始。例如，我们要写一个计算正方形面积的函数，可以利用项目 2 中对于标识符的规则来命名：

      double SquareArea(double a);

若要实现该函数，则去掉上面原型结尾的分号，然后加入函数体。函数体是一个程序块，由一组括在花括号中的语句组成。程序块中的语句前面可以有变量声明，就如前面所见的 main 函数一样。

如果函数返回一个结果，则函数体中至少包含一个 return 语句，它指出了要返回的值。return 语句的形式如下：

      return(表达式);

它指出了结果值，当使用这个语句后，return 将使函数立即返回指定的值。这里，return 语句包含了两个概念："我已经完成了"和"这就是答案"。

我们可以使用如下语句完成编写一个 SquareArea 函数所需要的所有步骤：

```
1   double SquareArea(double  a)
2   {
```

3	float area;
4	area=a*a;
5	return(area);
6	}

这个函数计算了相应表达式的值，并把它当作函数的结果值返回。

上述 SquareArea 函数本身并不能构成一个完整的程序。每个完整的程序都有一个名为 main 的函数，当程序开始执行时就调用 main 函数。为了使用 SquareArea 函数，还需写一个 main 函数，用它来调用 SquareArea 函数并产生一个不同边长的正方形面积对照表。下面是实现这个功能的完整程序。

　　例 8-1　产生一个不同边长的正方形面积对照表。

1	/*================================
2	*程序名称：SquareArea.c
3	*功能：生成一个不同边长的
4	*　　　　正方形面积对照表
5	================================*/
6	#include <stdio.h>
7	#include <stdlib.h>
8	/*===========
9	*常量声明
10	*===========
11	*LowerLimit:对照表中最小的边长
12	*UpperLimit:对照表中最大的边长
13	*StepSize:步长
14	*/
15	
16	#define LowerLimit　　5
17	#define UpperLimit　　100
18	#define StepSize　　　10
19	
20	/*函数声明*/
21	double SquareArea(double a);
22	
23	/*主函数*/
24	
25	int main()
26	{
27	int i;
28	float area;
29	printf("不同边长的正方形面积对照表\n");

```
30        printf("边长    面积\n");
31        for(i=LowerLimit;i<=UpperLimit;i+=StepSize)
32        {
33            area=SquareArea(i);
34            printf("%-5d   %8.2f\n",i,area);
35        }
36        return 0;
37   }
38
39   /*============
40   *函数名称：SquareArea
41   *============
42   *函数功能：计算给定正方形的面积
43   *使用方法：area=SquareArea(a);
44   */
45
46   double SquareArea(double a)
47   {
48       float area;
49       area=a*a;
50       return(area);
51   }
```

程序运行的结果如下：

```
不同边长的正方形面积对照表
边长    面积
5       25.00
15      225.00
25      625.00
35      1225.00
45      2025.00
55      3025.00
65      4225.00
75      5625.00
85      7225.00
95      9025.00
```

以上程序中，main 函数由一个 for 语句构成，利用语句"area=SquareArea(i);"来计算面积，这个语句调用了 SquareArea 函数来计算边长为 i 的正方形的面积，并将结果值作为实际参数赋值给变量 area。对照表里的每一行都由语句"printf("%-5d   %8.2f\n", i, area));"生成。

　　每个函数应具有描述性的注释，这样，程序的阅读者就可以将每个函数当作一个单元来理解。为函数写一个应用实例是对如何使用函数做的有用的注释，即上面函数注释中的"使用方法"一行。

　　为了便于理解，可把 SquareArea.c 分为两部分来看，每一部分都很好理解。主程序从 LowerLimit 到 UpperLimit 计数，每次循环中，对下标变量 i 的值都调用 SquareArea 函数，把 SquareArea 函数的返回值赋给 area，并显示结果。SquareArea 函数则对每个 i 值都进行了平方，并返回该值。

　　当我们把程序看成一个整体时，主程序和 SquareArea 函数中都含有变量 area。会不会引起混乱？针对这个问题，C 语言通过形式参数来解决。

　　函数 SquareArea 的原型为

　　　　double SquareArea(double a);

这里定义了一个 double 类型的变量 a。这个变量称为形式参数，简称形参。当我们调用函数 SquareArea 时，进行了数值的传递。当执行了语句

　　　　area=SquareArea(i);

后，会把实际参数 i 传递给函数 SquareArea 中的形式参数 a。i 称为实际参数，简称实参。

　　函数被调用时，将执行以下操作：

　　(1) 计算每个实际参数的值，作为调用程序操作的一部分。因为实际参数是表达式，所以这个计算可以包括运算符和其他函数，在新的函数真正被调用前，会计算出这些值。

　　(2) 每个实际参数的值被复制到对应的形式参数变量中。如果有多个实际参数，就必须按照顺序对应地将其赋值给形式参数。将第一个实际参数赋值给第一个形式参数，第二个实际参数赋值给第二个形式参数，依次类推。如果必要的话，需要把实际参数的类型自动转换成形式参数的类型。

　　(3) 执行函数体中的语句，直到遇到 return 语句为止。

　　(4) 计算 return 中的表达式，如果需要的话，则将表达式的值转换为函数指定的返回类型。当然，这也是自动类型转换。

　　(5) 在函数调用的地方用返回值替代，继续执行调用程序其他的语句。

　　每次调用函数都会产生一组变量，当函数调用结束时，这些变量都会消失，这些变量仅仅在声明它们的函数中有意义，因此被称为局部变量。与局部变量相对应的是全局变量。全局变量在函数外部声明，从这个变量被声明开始到程序结束，此变量都有效。

　　我们接着来分析 SquareArea.c 中函数的调用问题。程序开始运行时，会首先调用 main 函数，在 main 函数中我们定义了两个变量 area 和 i，当 for 语句开始执行时，i 被赋值 LowerLimit 的数值 5，如图 8-1 所示。

　　图 8-1 中，用双线将与 main 函数调用有关的变量围了起来，这些变量的集合称为 main 函数的帧。

　　此时执行循环体

　　　　area=SquareArea(i);

程序即开始执行 SquareArea，并把 i 的数值(5)传递给形式参数(int a)。这时 main 函数中定义

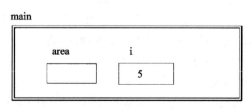

图 8-1

的变量并没有消失，被放置到一边，直到 SquareArea 操作结束才会显现出来。当程序调用 SquareArea 函数时，其内部的变量 area 和 a 起作用，a 接收到了 i 传递过来的数值。这时内存的情况如图 8-2 所示。

需要注意的是，当 SquareArea 函数运行时，main 函数的帧虽然存在，但是我们看不到其内容，所以变量名 area 不再引用 main 函数中的 area，而是 SquareArea 函数中的 area。故图 8-2 中用 SquareArea 的帧覆盖了 main 函数的帧。

在 SquareArea 函数中，执行语句

　　　　area=a*a;

计算出 area 的数值 25，这时内存的情况如图 8-3 所示。

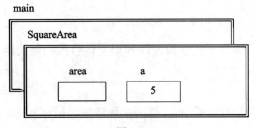

图 8-2

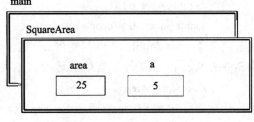

图 8-3

接下来执行 return 语句，即 SquareArea 函数先返回 area 的数值 25，再将此数值返回 main 函数，赋值给 area。这时内存中的情况如图 8-4 所示。

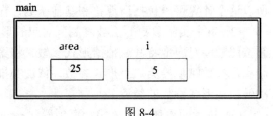

图 8-4

当程序返回 main 函数时，SquareArea 函数已经结束，于是给其分配的内存单元会被丢弃，变量 a 和 area 也不存在。此时的变量名 area 是 main 函数中的 area，而不是 SquareArea 函数中的变量名 area。

执行 printf 函数时，i 和 area 的数值将会输出到屏幕上。虽然 main 函数和 SquareArea 函数都有 area 这个变量名，但是它们处于不同的帧中，占用了不同的空间，不会同时存在，所以不会引起混乱的问题。

8.3.4　函数的嵌套调用

C 语言中不允许作嵌套的函数定义，因此各函数之间是平行的，不存在上一级函数和下一级函数的问题。C 语言允许在一个函数的定义中出现对另一个函数的调用，这就是函数的嵌套调用，即在被调函数中又调用其他函数。这与其他语言的子程序嵌套的情形是类似的，其关系如图 8-5 所示。图 8-5 表示了两层嵌套的情形。其执行过程是：执行 main 函数中调用 a 函数的语句时，即转去执行 a 函数，在 a 函数中调用 b 函数时，又转去执行 b 函数，b 函数执行完毕再返回 a 函数的断点继续执行，a 函数执行完毕返回 main 函数的断点继续执行。

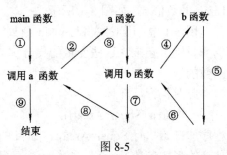

图 8-5

例 8-2　计算 $s = 2^2! + 3^2!$。

本例中可编写两个函数，一个是用来计算平方值的函数 f1，另一个是用来计算阶乘值的函数 f2。主函数先调用 f1 计算出平方值，再在 f1 中以平方值为实参，调用 f2 计算其阶乘值，然后返回 f1，再返回主函数，在循环程序中计算累加和。

```
1     /*=================================
2     *程序名称：sum.c
3     *功能：计算 s = 2²! + 3²! 的数值
4     *=================================*/
5     #include <stdio.h>
6     #include <stdlib.h>
7
8     long f1(int p)
9     {
10        int k;
11        long r;
12        long f2(int    q);
13        k=p*p;
14        r=f2(k);
15        return r;
16    }
17
18    long f2(int q)
19    {
20        long c=1;
21        int i;
22        for(i=1; i<=q; i++)
23        c=c*i;
24        return c;
25    }
26
27    int main()
28    {
29        int i;
30        long s=0;
31        for (i=2; i<=3; i++)
32            s=s+f1(i);
33        printf("s=%ld\n",s);
34        return 0;
35    }
```

在主程序中，执行循环程序，依次把 i 值作为实参来调用函数 f1，以求得 i^2 值。在 f1 中发生对函数 f2 的调用，这是把 i^2 的值作为实参去调用 f2，在 f2 中完成 $2^{i^2}!$ 的计算。f2 执行完毕后把 C 值(即 $2^{i^2}!$)返回给 f1，再由 f1 返回主函数实现累加。至此，由函数的嵌套调用实现了题目的要求。由于数值很大，所以函数和一些变量的类型都声明为长整型，否则会造成计算错误。

8.3.5　函数的递归调用

一个函数在它的函数体内直接或间接调用它自身称为递归调用，该函数称为递归函数。C 语言允许函数的递归调用。在递归调用中，主调函数又是被调函数。执行递归函数将反复调用其自身，每调用一次就进入新的一层。

能采用递归描述的算法通常有这样的特征：为求解规模为 N 的问题，设法将它分解成规模较小的问题，然后从这些小问题的解方便地构造出大问题的解，并且这些规模较小的问题也能采用同样的分解和综合方法，分解成规模更小的问题，而从这些更小问题的解能构造出规模较大问题的解。特别地，当规模 N=1 时，能直接得解。例如有函数 f：

```
1   int f(int x)
2   {
3       int y;
4       z=f(y);
5           return z;
6   }
7
```

这个函数是一个递归函数，但是运行该函数将无休止地调用其自身，这显然是不正确的。为了防止递归调用无终止地进行，必须在函数内采取终止递归调用的措施。常用的办法是加入条件判断，即满足某种条件后就不再进行递归调用，然后逐层返回。下面举例说明递归调用的执行过程。

例 8-3　用递归法计算 n!。

用递归法计算 n! 可用下述公式表示：

$$\begin{cases} n! = 1 & n = 0, 1 \\ n \times (n-1)! & n > 1 \end{cases}$$

按公式可编程如下：

```
1   /*==============================
2   *程序名称：nn.c
3   *功能：利用递归调用求 n!
4   ==============================*/
5   #include <stdio.h>
6   #include <stdlib.h>
```

7	
8	long ff(int n)
9	{
10	long f;
11	if(n<0) printf("n<0, input error");
12	else if(n==0||n==1) f=1;
13	else f=ff(n-1)*n;
14	return(f);
15	}
16	int main()
17	{
18	int　n;
19	long　y;
20	printf("\n 请输入一个整数:\n");
21	scanf("%d",&n);
22	y=ff(n);
23	printf("%d!=%ld",n,y);
24	}

　　程序中给出的函数 ff 是一个递归函数。主函数调用 ff 后即进入函数 ff 执行，如果 n＜0、n＝0 或 n＝1 时都将结束函数的执行，否则就递归调用 ff 函数自身。由于每次递归调用的实参为 n−1，即把 n−1 的值赋予形参 n，最后当 n−1 的值为 1 时再进行递归调用，形参 n 的值也为 1，将使递归终止，然后可逐层退回。

　　设执行本程序时输入 n＝5，即求 5!。在主函数中的调用语句即为 y＝ff(5)，进入 ff 函数后，由于 n＝5，不等于 0 或 1，故应执行 f＝ff(n−1)*n，即 f＝ff(5−1)*5。该语句对 ff 进行递归调用，即 ff(4)。

　　进行 4 次递归调用后，ff 函数形参取得的值变为 1，故不再继续递归调用而开始逐层返回主调函数。ff(1)的返回值为 1，ff(2)的返回值为 1*2＝2，ff(3)的返回值为 2*3＝6，ff(4)的返回值为 6*4＝24，最后返回值 ff(5)为 24*5＝120。

　　例 8-3 也可以不用递归的方法来完成。如可以用递推法，即从 1 开始乘以 2，再乘以 3……直到 n。虽然递推法比递归法更容易理解和实现，但是有些问题只能用递归算法才能实现。典型的问题是汉诺(Hanoi)塔问题。

　　例 8-4　Hanoi 塔问题。

　　一块板上有三根针 A、B、C。A 针上套有 64 个大小不等的圆盘，大的在下，小的在上，如图 8-6 所示。要把这 64 个圆盘从 A 针移动 C 针上，每次只能移动一个圆盘，移动可以借助 B 针进行。但在任何时候，任何针上的圆盘都必须保持大盘在下，小盘在上。求移动的步骤。

　　本题算法分析如下，设 A 上有 n 个盘子，分为以下几种情况来考虑：

　　(1) 如果 n=1，则将圆盘从 A 直接移动到 C 上。

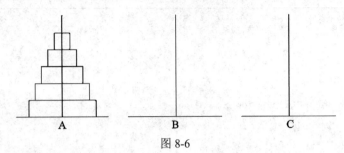

图 8-6

(2) 如果 n=2，则：① 将 A 上的 n–1(等于 1)个圆盘移到 B 上；② 将 A 上的一个圆盘移到 C 上；③ 将 B 上的 n–1(等于 1)个圆盘移到 C 上。

(3) 如果 n=3，则：

① 将 A 上的 n–1(等于 2，令其为 n')个圆盘移到 B(借助于 C)上，步骤如下：

● 将 A 上的 n'–1(等于 1)个圆盘移到 C 上。

● 将 A 上的一个圆盘移到 B 上。

● 将 C 上的 n'–1(等于 1)个圆盘移到 B 上。

② 将 A 上的一个圆盘移到 C 上。

③ 将 B 上的 n–1(等于 2，令其为 n')个圆盘移到 C(借助 A)上，步骤如下：

● 将 B 上的 n'–1(等于 1)个圆盘移到 A 上。

● 将 B 上的一个圆盘移到 C 上。

● 将 A 上的 n'–1(等于 1)个圆盘移到 C 上。

到此，完成了三个圆盘的移动过程。

从上面分析可以看出，当 n≥2 时，移动的过程可分解为以下三个步骤：

(1) 把 A 上的 n–1 个圆盘移到 B 上。

(2) 把 A 上的一个圆盘移到 C 上。

(3) 把 B 上的 n–1 个圆盘移到 C 上。其中第(1)步和第(3)步是类同的。

当 n=3 时，第(1)步和第(3)步又分解为类同的三步，即把 n'–1 个圆盘从一个针移到另一个针上。显然这是一个递归过程，据此算法可编程如下：

```
1   /*================================
2   *程序名称：Hanoi.c
3   *功能：利用递归调用解决汉诺塔问题
4   ================================*/
5   #include <stdio.h>
6   #include <stdlib.h>
7
8   void move(int n,int x,int y,int z)
9   {
10      if(n= =1)
11          printf("%c-->%c\n",x,z);
12      else
```

13	{
14	move(n-1,x,z,y);
15	printf("%c-->%c\n",x,z);
16	move(n-1,y,x,z);
17	}
18	}
19	int main()
20	{
21	int h;
22	printf("\n 输入一个数字:\n");
23	scanf("%d",&h);
24	printf("移动 %2d 个盘子的步骤是:\n",h);
25	move(h, 'a', 'b', 'c');
26	return 0;
27	}

从程序中可以看出，move 函数是一个递归函数，它有 4 个形参 n、x、y、z。n 表示圆盘数，x、y、z 分别表示三根针。move 函数的功能是把 x 上的 n 个圆盘移动到 z 上。当 n=1 时，直接把 x 上的圆盘移至 z 上，输出 x→z。若 n!=1，则分为三步：① 递归调用 move 函数，把 n-1 个圆盘从 x 移到 y；② 输出 x→z；③ 递归调用 move 函数，把 n-1 个圆盘从 y 移到 z 上。在递归调用过程中 n=n-1，故 n 的值逐次递减，最后 n=1 时，终止递归，并逐层返回。当 n=4 时，程序运行的结果如下：

　　input number:

　　4

　　the step to moving 4 diskes:

　　a→b

　　a→c

　　b→c

　　a→b

　　c→a

　　c→b

　　a→b

　　a→c

　　b→c

　　b→a

　　c→a

　　b→c

　　a→b

　　a→c

　　b→c

8.3.6　数组作为函数的参数

在调用函数时，除了变量名可以作为参数外，数组名也可以作为函数的参数。不过需要注意的是，数组名作为函数的参数，传递的不是整个数组元素的值，而仅仅是传递了数组的首地址。因为数组名就是数组的首地址，正是这个首地址，为我们处理数组元素提供了方便。

例 8-5　用函数实现对 10 个数的排序。

项目 5 讲解过冒泡法排序，现在把排序单独写一个函数。完整的程序代码如下：

```
1   /*================================
2   *程序名称：bubble.c
3   *功能：利用冒泡法对 10 个数据进行排序
4   ================================*/
5   #include <stdio.h>
6   #include <stdlib.h>
7
8   #define Number 10
9
10  void Nbubble(int bubble[] ,int n);
11
12  int main()
13  {
14      int i ;
15      int   a[Number]={0};
16      for(i=0; i<Number; i++)
17      {
18          printf("请输入第%d 个数据：",i+1);
19          scanf("%d",&a[i]);
20      }
21      printf("未排序的数据是：\n");
22      for(i=0; i<Number; i++)
23      {
24          printf("%5d",a[i]);
25      }
26      printf("\n");
27      Nbubble(a ,Number);     // 排序
28      printf("排好的顺序是：\n");
29      for(i=0; i<Number; i++)
30      {
```

```
31          printf("%5d",a[i]);
32      }
33
34      return 0;
35  }
36
37  /*===============================
38  *函数原型：void Nbubble(int bubble[] ,int n)
39  *功能：冒泡法排序
40  *使用例子：Nbubble(a, n);
41  ===============================*/
42
43  void Nbubble(int bubble[], int n)
44  {
45      int i,j,temp ;
46      for(j=0; j<n-1; j++)
47      {
48          for(i=0; i<n-1-j; j++)
49          {
50              if(bubble[i]>bubble[i+1])
51              {
52                  temp=bubble[i];
53                  bubble[i]=bubble[i+1];
54                  bubble[i+1]=temp;
55              }
56          }
57      }
58  }
59
```

在 main 函数中，函数调用语句"Nbubble(a，n);"来调用排序函数 Nbubble，完成了排序功能。参数传递的情况如图 8-7 所示。

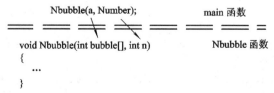

图 8-7

实参 Number 把数据传递给了形参 n，而实参 a 把数据传递给了形参 bubble。Number 仅仅是一个数字 10，其值传递给 n 后，n 的数值是 10。但是 a 是一个数组名，那么 a 传递了什么数据给 bubble 呢？数组名是数组元素的首地址，所以 a 向数组 bubble 传递的是一个地址，即数组 a 的首地址。这样，在函数 Nbubble 中，数组 bubble 的每个元素就与数组 a 中的元素占用了同一个地址，如图 8-8 所示。于是当我们改变数组 bubble 的值后，程序返回到主函数中，数组 a 中的元素也就相应地改变了。

a[0]	a[1]	a[2]	a[3]	a[4]	a[5]	a[6]	a[7]	a[8]	a[9]
5	8	9	−23	12	45	36	71	0	−21
bubble[0]	bubble[1]	bubble[2]	bubble[3]	bubble[4]	bubble[5]	bubble[6]	bubble[7]	bubble[8]	bubble[9]

图 8-8

数组名就是数组的首地址，所以当数组名作为函数参数进行参数传递时，传递的也是这个首地址。在上面的函数 Nbubble 中形式参数使用了数组，其实在 C 语言中参数 int bubble[] 可作为一个指针来使用。关于指针的有关问题，可以参考项目 9 的内容。

思考题：参照上述冒泡法排序函数的例子，将选择法排序也写成函数的形式。

8.4　写一个日历程序

上面讲解了函数的相关问题，接下来我们开始利用逐步精化的方法来设计日历程序。

利用函数，可以将一个大的程序设计问题分解为容易理解的较小的程序，这个过程称为分解，这是程序设计的基本策略。然而，选择合适的分解策略却不容易，需要经过多次实践。下面利用编写日历的程序来学习这个过程。

8.4.1　实现 main 函数

首先从 main 函数开始，程序要做什么？一般来说，日历程序从用户那里读入年份，然后显示这一年的日历。我们可以首先给用户一个提示，然后用户输入一个年份，程序就打印出这一年的日历。这样，我们可以把主程序写成

```
1   int main()
2   {
3       int year;
4       GiveInstructions();
5       year=GetYearFromUser();
6       PrintCalendar(year);
7
8       return 0;
9   }
10
```

第一个语句调用函数 GiveInstructions 来给出一些提示语句，提示用户输入什么样的数据；第二个语句调用函数 GetYearFromUser 来读入用户输入的年份；第三个语句调用函数 PrintCalendar，根据输入的年份，打印出日历。

在 main 函数上，程序已经具有完整的意义，只要 GiveInstructions、GetYearFromUser、PrintCalendar 能够完成它们各自的工作，程序就能够正常工作。但是，这些函数因为没有具体的实现方法而无法运行，所以还需要对它们进行细化。

8.4.2　实现 GiveInstructions

GiveInstructions 函数仅仅给出一些提示语句，我们可以设定提示语句如下：

> 本程序可以打印出全年的日历。
>
> 请输入年份(1900 年以后)：

该函数的实现如下：

```
1    void GiveInstructions(void)
2    {
3        printf("本程序可以打印出全年的日历。\n");
4        printf("请输入年份(1900 年以后)：\n");
5    }
```

8.4.3　实现 GetYearFromUser

因为我们只需要 1900 年以后的日历，所以在用户输入年份的时候，必须要进行限制，当用户输入了一个非法数据(1900 年以前的年份)时给出提示，并让用户重新输入数据。

GetYearFromUser 函数的实现方法如下：

```
1    int GetYearFromUser(void)
2    {
3        int year;
4        while(1)
5        {
6            scanf("%d",&year);
7            if(year>=1900)return(year);
8            printf("年份必须是 1900 年以后\n");
9            printf("请重新输入年份，哪一年？ ");
10       }
11   }
```

8.4.4　实现 PrintCalendar

上述两个函数比较简单，接下来我们讨论功能最多、也是最复杂的函数 PrintCalendar 函数。从 main 函数的调用可以知道，PrintCalendar 函数的原型为

　　void PrintCalendar(int year);

从抽象的角度来看，PrintCalendar 函数通过打印 12 个单独的月历完成日历的显示。这样我们就可以把 PrintCalendar 的函数体写成一个简单的循环，它调用另一个函数来显示某一个月的月历，然后打印一个换行符使得该月和下一个月之间有一个空行。实现的方法如下：

```
1   void PrintCalendar(int year)
2   {
3       int month;
4       for(month=1;month<=12;month++)
5       {
6           PrintMonth(month,year);
7           printf("\n");
8       }
9   }
```

PrintMonth 函数含有两个参数：月份 month 和年份 year。参数 month 让函数知道要显示哪一个月，因为特定月份的月历随着年份的不同而不同，因此需要参数 year。

8.4.5　实现 PrintMonth

实现 PrintMonth 函数的难点在于如何以下面的格式显示一个月的日历。

```
                    2012 年九月
         日　 一　 二　 三　 四　 五　 六
                                          1
          2    3    4    5    6    7    8
          9   10   11   12   13   14   15
         16   17   18   19   20   21   22
         23   24   25   26   27   28   29
         30
```

首先是输出前两行。

第一行是一个年份和月份，年份用数字表示，月份为汉字"九月"。我们可以使用 switch 语句，月份不同，输出的汉字也不同。可以单独写一个函数 PrintMonthName，专门用于处理月份的名字问题。

```
1   void PrintMonthName(int month)
2   {
3       switch(month)
4       {
5           case  1:printf("  一月\n"); break;
6           case  2:printf("  二月\n"); break;
7           case  3:printf("  三月\n"); break;
8           case  4:printf("  四月\n"); break;
9           case  5:printf("  五月\n"); break;
```

10	case　6:printf("　　六月\n"); break;
11	case　7:printf("　　七月\n"); break;
12	case　8:printf("　　八月\n"); break;
13	case　9:printf("　　九月\n"); break;
14	case 10:printf("　　十月\n"); break;
15	case 11:printf("　　十一月\n"); break;
16	case 12:printf("　　十二月\n"); break;
17	default:printf("错误的月份");
18	}
19	}

第二行比较简便，一条 printf 语句就可以解决问题：

　　　printf(" 日　一　二　三　四　五　六\n");

月历的其余部分由 1 到这个月的天数之间的整数组成，这可以通过 for 循环来完成。关键是如何以规定的格式显示：一方面，该月份必须从一个星期的某一天开始；另一方面，在每个周六之后，输出必须换行。

为了解决格式问题，必须记录一周中的日子及每月中的日子。表示一周中的日子的方法是对它进行编号，编号时定义星期天为 0，星期一为 1……星期六为 6。可以把这些值定义为常量：

1	#define Sunday　　　0
2	#define Monday　　　1
3	#define Tuesday　　　2
4	#define Wednesday 3
5	#define Thursday　　4
6	#define Friday　　　5
7	#define Saturday　　6
8	

这样，在程序中可以用这些日子的名字来表示。从 0 开始给一周的日子进行编号的好处是可以用取模运算实现按星期的循环操作。如果变量 weekday 保存对应于该周中当前日子的整数，则表达式(weekday+k)%7 可指出 k 天后的那一天是星期几。例如，如果今天是星期一(weekday 的值为 1)，那么今天后的第 10 天是星期四，而表达式(1+10)%7 的值恰好为 4。特别地，可以用下面的语句来移动当前日子到下一天：

　　　weekday=(weekday+1)%7;

但是移动到下一天若使用表达式 weekday++，将使 weekday 的值会变成 7、8、9 等值，这些值没有对应的星期几。这时，通过对 7 求余就可以保证结果值总在 0～6 之间。采用取余数操作将计算的结果限制在一个较小的周期性的范围内是数学上的取模运算。取模运算在程序设计中非常有用，值得关注。

如果保存了星期几的记录，那么在 PrintMonth 函数中写一个主循环就可以完成日期的显示：

```
1   for(day=1; day<=nDays; day++)
2       {
3           printf(" %2d",day);
4           if(weekday= =Saturday)printf("\n");
5           weekday=(weekday+1)%7;
6       }
```

这个循环显示了每一个数，记录了它是星期几，并在每个星期六之后换行。日历的最后一行必须以换行结束，因此循环后必须紧跟以下语句：

　　　　if(weekday!=Sunday)printf("\n");

这样就保证了即使这个星期不是在星期日结束，最后一行后也有换行符。

到目前为止，还剩以下三个任务：

(1) 计算出该月的天数。

(2) 确定该月的第一天是星期几。

(3) 缩排月历的第一行，使得第一天出现在正确的位置。

"逐步精化"策略建议不要在分解的这个层次上解决这三个问题。事实上，可以将这三个问题转化为函数调用，这些函数可以在以后再实现。应用这个策略，可以写一个完整的 PrintMonth 函数实现：

```
1   void PrintMonth(int month,int year)
2   {
3       int weekday,nDays,day;
4       printf("   %d ",year);
5       PrintMonthName(month);
6       printf(" 日  一  二  三  四  五  六\n");
7       nDays=MonthDays(month,year);
8       weekday=FirstDayOfMonth(month,year);
9       IndentFirstLine(weekday);
10      for(day=1; day<=nDays; day++)
11      {
12          printf("%2d", day);
13          if(weekday= =Saturday)printf("\n");
14          weekday=(weekday+1)%7;
15      }
16      if(weekday!=Sunday)printf("\n");
17  }
```

接下来我们逐个实现 PrintMonth 函数中的三个函数 MonthDays、FirstDayOfMonth 和 IndentFirstLine。这三个函数的实现顺序是任意的，最容易实现的是最后一个函数 IndentFirstLine。该函数从 FirstDayOfMonth 中获取一个星期中的第几天，保证月历的第一行前面有足够的空格，使第一天出现在正确的位置。如果这个月的第一天是星期天，月历将从第一行的起始位置开始；如果从星期二开始，则需要在前面留出星期天和星期一的空格，所以我们可以用循环来输出足够的空格：

```
1   void IndentFirstLine(int weekday)
2   {
3       int i;
4       for(i=0; i<weekday; i++)
5       {
6           printf("     ");
7       }
8
9   }
```

编写 MonthDays 函数相对比较简单，记住下面的口诀就可以顺利写出程序：

一三五七八十腊，

三十一天永不差。

四六九冬有三十，

闰年二月二十九，

平年二月二十八。

依据这个口诀，使用 switch 语句可以很好地实现这个函数：

```
1    int MonthDays(int month,int year)
2    {
3        switch(month)
4        {
5            case 2:
6            if(IsLeapYear(year))
7            return(29);
8            return(28);
9            case 4:
10           case 6:
11           case 9:
12           case 11:return(30);
13           default:return(31);
14       }
15   }
```

关于闰年的判断，可以通过 IsLeapYear 函数来实现：

```
1   int IsLeapYear(int year)
2   {
3       return((((year%4==0)&&(year%100!=0))||(year%400==0));
4   }
```

这直接返回了判断闰年的真假。

思考题：if(IsLeapYear(year))…与 if(IsLeapYear(year)==1)…有什么区别？

FirstDayOfMonth 函数需要计算出每个月的第一天是星期几。这个问题的一个解决方法是从一个已知的时间开始计数。就我们的程序来说，1900 年 1 月 1 日是星期一(可以查阅万年历得知)，从这一天开始，按是否为闰年，每年加 365 或 366 天，对于当年要处理的月份之前的月，加上这个月的天数。这些计算通过模运算完成，最后取除以 7 后的余数即可。FirstDayOfMonth 函数的具体实现如下：

```
1   int FirstDayOfMonth(int month,int year)
2   {
3       int weekday,i;
4       weekday=Monday;
5       for(i=1900;i<year;i++)
6       {
7           weekday=(weekday+365)%7;
8           if(IsLeapYear(i))weekday=(weekday+1)%7;
9       }
10      for(i=1; i<month; i++)
11      {
12          weekday=(weekday+MonthDays(i,year))%7;
13      }
14      return(weekday);
15  }
```

8.4.6 完成最后的工作

当我们把所有的函数都写完后，还需要把它们整合到一起，确保所有的函数原型、注释、函数的实现都完整，然后进行编译、测试，检查程序的运行结果是否正确。完整的程序如下：

```
1   /*================================
2   *程序名称：calendar.c
3   *功能：本程序输出指定年份的日历
4   ================================*/
5   #include <stdio.h>
6   #include <stdlib.h>
7
8   /*常量
9   *星期日到星期六分别定义为常量 0~6
10  */
11  #define Sunday      0
```

```
12    #define Monday        1
13    #define Tuesday       2
14    #define Wednesday     3
15    #define Thursday      4
16    #define Friday        5
17    #define Saturday      6
18
19    /*函数声明*/
20    void GiveInstructions(void);
21    int GetYearFromUser(void);
22    void PrintCalendar(int year);
23    void PrintMonth(int month,int year);
24    void IndentFirstLine(int weekday);
25    int MonthDays(int month, int year);
26    int FirstDayOfMonth(int month, int year);
27    void PrintMonthName(int month);
28    int IsLeapYear(int year);
29
30    /*主函数*/
31    int main()
32    {
33        int year;
34        GiveInstructions();
35        year=GetYearFromUser();
36        PrintCalendar(year);
37
38         return 0;
39    }
40
41    /*
42    *函数名称：GiveInstructions
43    *功能：为用户提供一些必要的提示
44    *使用实例：GiveInstructions();
45    */
46
47    void GiveInstructions(void)
48    {
49        printf("本程序可以打印出全年的日历。\n");
50        printf("请输入年份(1900 年以后)：");
51    }
```

```
52
53    /*
54    *函数名称：GetYearFromUser
55    *功能：从用户那里得到年份
56    *使用实例：year=GetYearFromUser();
57    */
58    int GetYearFromUser(void)
59    {
60        int year;
61        while(1)
62        {
63            scanf("%d",&year);
64            if(year>=1900)return(year);
65            printf("年份必须是 1900 年以后\n");
66            printf("请重新输入年份，哪一年？ ");
67        }
68    }
69
70    /*
71    *函数名称：PrintCalendar
72    *功能：打印指定年份的日历
73    *使用实例：PrintCalendar(year);
74    */
75    void PrintCalendar(int year)
76    {
77        int month;
78        for(month=1; month<=12; month++)
79        {
80            PrintMonth(month, year);
81            printf("\n");
82        }
83    }
84
85    /*
86    *函数名称：PrintMonth
87    *功能：打印指定月份的日历
88    *使用实例：PrintCalendar(month,year);
89    */
90
91    void PrintMonth(int month, int year)
```

92	`{`
93	`    int weekday, nDays, day;`
94	`    printf("    %d",year);`
95	`    PrintMonthName(month);`
96	`    printf(" 日 一 二 三 四 五 六\n");`
97	`    nDays=MonthDays(month,year);`
98	`    weekday=FirstDayOfMonth(month,year);`
99	`    IndentFirstLine(weekday);`
100	`    for(day=1; day<=nDays; day++)`
101	`    {`
102	`        printf(" %-2d",day);`
103	`        if(weekday==Saturday)printf("\n");`
104	`        weekday=(weekday+1)%7;`
105	`    }`
106	`    if(weekday!=Sunday)printf("\n");`
107	`}`
108	
109	`/*`
110	`*函数名称：IndentFirstLine`
111	`*功能：已知当月的第一天是星期几，实现缩进`
112	`*使用实例：IndentFirstLine(weekday);`
113	`*/`
114	`void IndentFirstLine(int weekday)`
115	`{`
116	`    int i;`
117	`    for(i=0; i<weekday; i++)`
118	`    {`
118	`        printf("    ");`
119	`    }`
120	
121	`}`
122	
123	`/*`
124	`*函数名称：MonthDays`
125	`*功能：计算当月有多少天`
126	`*使用实例：nDays=MontDays(month,year);`
127	`*/`
128	`int MonthDays(int month,int year)`
129	`{`
130	`    switch(month)`

```
131          {
132              case 2:
133              if(IsLeapYear(year))return(29);
134              return(28);
135              case 4:
136              case 6:
137              case 9:
138              case 11: return(30);
139              default: return(31);
140          }
141      }
142
143      /*
144      *函数名称：FirstDayOfMonth
145      *功能：计算当月第一天是星期几，
146      *我们已知 1900 年 1 月 1 日星期一，于是从那天一直数到
147      *当月的第一天就可以计算出第一天是星期几了
148      *使用实例：weekday=FirstDayOfMonth(month,year);
149      */
150      int FirstDayOfMonth(int month,int year)
151      {
152          int weekday,i;
153          weekday=Monday;
154          for(i=1900; i<year; i++)
155          {
156              weekday=(weekday+365)%7;
157              if(IsLeapYear(i))weekday=(weekday+1)%7;
158          }
159          for(i=1;i<month;i++)
160          {
161              weekday=(weekday+MonthDays(i,year))%7;
162          }
163          return(weekday);
164      }
165
166      /*
167      *函数名称：PrintMonthName
168      *功能：输出当月的汉字名字
169      *使用实例：PrintMonthName(month);
170      */
```

```
171  void PrintMonthName(int month)
172  {
173      switch(month)
174      {
175          case  1:printf("    一月\n");break;
176          case  2:printf("    二月\n");break;
177          case  3:printf("    三月\n");break;
178          case  4:printf("    四月\n");break;
179          case  5:printf("    五月\n");break;
180          case  6:printf("    六月\n");break;
181          case  7:printf("    七月\n");break;
182          case  8:printf("    八月\n");break;
183          case  9:printf("    九月\n");break;
184          case 10:printf("    十月\n");break;
185          case 11:printf("    十一月\n");break;
186          case 12:printf("    十二月\n");break;
187          default:printf("错误的月份");
188      }
189  }
190
191  /*
192  *函数名称：IsLeapYear
193  *功能：判断是否是闰年
194  *使用实例：if(IsLeapyear(year))……;
195  */
196  int IsLeapYear(int year)
197  {
198      return(((year%4==0)&&(year%100!=0))||(year%400==0));
199  }
```

8.5　变量的作用域和生存周期

8.5.1　变量的作用域

1. 局部变量

在函数和复合语句内定义的变量，称为内部变量或局部变量。局部变量只在本函数或复合语句的范围内有效(从定义点开始到函数或复合语句结束)，在此函数或复合语句以外是不能使用这些变量的。

关于局部变量有以下几点说明：

(1) 主函数中定义的变量也只能在主函数中有效，主函数不能使用其他函数中定义的变量。

(2) 不同函数中可以使用相同名字的变量，它们代表不同的对象，互不干扰。

(3) 形式参数也是局部变量。在函数中可以使用本函数定义的形参，在函数外不能引用它。

(4) 在一个函数内部，可以在复合语句中定义变量，这些变量只能在本复合语句中有效。

2．全局变量

一个程序可以包含一个或若干个源程序文件(即程序模块)，而一个源文件可以包含一个或若干个函数，在函数外定义的变量是外部变量，也称为全局变量(或全程变量)。全局变量的有效范围为从定义变量的位置开始到本源文件结束，在此范围内可以为本文件中所有函数所共用。在一个函数中既可以使用本函数中的局部变量，又可以使用有效的全局变量。

如果在同一个源文件中，外部变量与局部变量同名，则在局部变量的作用范围内，外部变量将被"屏蔽"，即它不起作用，此时局部变量是有效的。

8.5.2　变量的存储方式和生存期

变量的生存期是指变量值存在的时间。变量有两种存储方式：静态存储方式和动态存储方式。静态存储方式是指在程序运行期间由系统分配固定的存储空间的方式。动态存储方式是指在程序运行期间根据需要动态地分配存储空间的方式。

全局变量采用静态存储方式，在程序开始执行时给全局变量分配存储区，程序执行完毕即释放。在程序执行过程中它们占据固定的存储单元，而不是动态地进行分配和释放。

函数中定义的变量在函数调用开始时分配动态存储空间，函数结束时释放这些空间。在程序执行过程中，这种分配和释放是动态的。

每一个变量和函数都有两种属性：数据类型和数据的存储类别。数据类型，如整型、浮点型等，存储类别是指数据在内存中的存储方式(如静态存储和动态存储)，具体包含四种：自动的(auto)、静态的(static)、寄存器的(register)和外部的(extern)。

1．auto——声明自动变量(auto 变量)

函数中的形参和在函数中定义的变量(包括在复合语句中定义的变量)都属于此类。在调用函数时，系统给变量分配存储空间，在函数调用结束时就自动释放这些存储空间，因此这类局部变量称为自动变量。自动变量用关键字 auto 作存储类别的声明。如若在某一函数内作如下声明：

```
auto int a;
```
则声明变量 a 为自动变量，函数执行完毕后自动释放 a 所占的内存单元。

auto 变量可以省略，声明变量时，若不写 auto 则默认为 auto 变量。

2．static——声明静态变量(static 变量)

以下情况需要指定 static 存储类别：希望函数中的局部变量值在函数调用结束后不消失

而继续保留原值，即其占用的存储单元不释放，在下一次调用该函数时，该变量已有值，就是上一次函数调用结束时的值。这时就应用关键字 static 指定该局部变量为"静态局部变量"。

对静态局部变量的说明如下：

(1) 静态局部变量属于静态存储类别，在静态存储区内分配存储单元，在程序整个运行期间都不释放；自动变量(即动态局部变量)属于动态存储类别，占动态存储区空间而不占静态存储区空间，函数调用结束后即释放。

(2) 静态局部变量是在编译时赋初值的，即只赋初值一次，在程序运行时它已有初值，以后每次调用函数时不再重新赋初值而只是保留上次函数调用结束时的值；对自动变量赋初值，不是在编译时进行的，而是在函数调用时进行的，每调用一次函数重新赋给一次初值，相当于执行一次赋值语句。

(3) 如在定义局部变量时不赋初值，则对于静态局部变量，编译时自动赋初值 0(对数值型变量)或空字符(对字符变量)；对自动变量来说，如果不赋初值，则它的值是一个不确定的值，这是由于每次函数调用结束后存储单元已释放，下次调用时又重新另分配存储单元，而所分配的单元中的值是不可知的。

(4) 虽然静态局部变量在函数调用结束后仍然存在，但其他函数是不能引用它的。因为它是局部变量，只能被本函数引用，而不能被其他函数引用。

(5) 静态存储需多占内存(长期占用不释放，而不能像动态存储那样一个存储单元可供多个变量使用，节约内存)，而且降低了程序的可读性，当调用次数多时往往不确定静态局部变量的当前值是什么。因此，若非必要，不要多用静态局部变量。

3．register——声明寄存器变量(register 变量)

一般情况下，变量(包括静态存储方式和动态存储方式)的值是存放在内存中的，寄存器变量允许将局部变量的值放在 CPU 的寄存器中，现在的计算机能够识别使用频繁的变量，从而自动地将这些变量放在寄存器中，而不需要程序设计者指定。

4．extern——声明外部变量的作用范围(extern 变量)

所谓外部变量是指在函数外声明的变量，对于 extern 的使用有如下两种情况：

(1) 在一个文件内扩展外部变量的作用域。如果外部变量不在文件的开头定义，其有效的作用范围只限于定义处到文件结束。出于某种考虑，在定义点之前的函数需要引用外部变量，则应该在引用之前用关键字 extern 对该变量作外部变量声明。

(2) 将外部变量的作用域扩展到其他文件。在任一个文件中定义外部变量，而在另一文件中用 extern 对该变量作外部变量声明。如一个程序由两个文件(file1.c 和 file2.c)组成，在 file1.c 中定义了一个变量 a，如果要在 file2.c 中使用此变量 a，则需在 file2.c 中用 extern 来声明。

8.5.3　作用域和生存期的小结

对一个变量的属性可以从两个方面进行分析，一方面是变量的作用域，另一方面是变量的生存期。前者是从空间的角度，后者是从时间的角度，二者有联系但又不能混为一谈。

关于作用域和生存期，可以通过如下一段程序来理解：

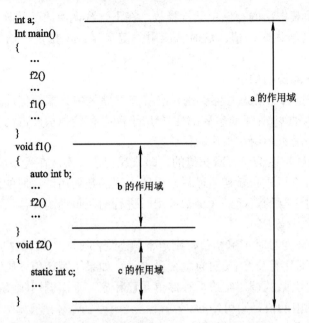

上述程序中三个变量的生存期如图 8-9 所示。

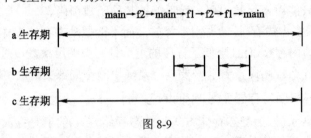

图 8-9

图 8-9 中，变量 a 是全局变量，作用域为整个程序，而且在程序运行时，其内存单元会一直存在，生存期是整个程序。b 是 f1 函数的局部变量，一个自动变量，只能在 f1 函数执行的时候才存在，当 f1 函数执行完毕，其所占的内存单元会被释放。变量 c 是 f2 函数的局部变量，所以其作用域为 f2 函数内部，只能在函数 f2 内部使用，但是它被 static 声明为静态变量，所以在函数 f2 执行完毕后，其所占的内存单元不会被释放，当 f2 函数再次运行时，其数值依然保持。

8.6 总 结

函数是实现结构化程序设计的基本单位，每个程序都是由函数构成的，函数从用户使用的角度来看可分为两种：库函数和用户函数。库函数是 C 语言编译系统提供的函数，执行函数功能的语句已经写好了，我们只需要调用这个函数即可。用户函数则是自己根据实际需要编写的函数。

库函数有很多，附录 D 中列举了部分 C 语言编译系统提供的库函数，对于这些库函数，我们只需要直接使用函数名调用对应的函数就可以了。使用库函数时，在程序开始必须用

#include 把对应的函数库包含进来。

　　用户函数是用户自己编写的函数，编写函数时首先要写一个函数原型，函数原型包括函数的类型、函数名、参数的类型，在稍后的程序中再把函数的实现写出来。主程序通过参数将数据传递给被调用的函数，被调用的函数若需要把计算结果返回主函数，则通过return 语句来实现。主函数中向被调用函数传递数据的参数称为实际参数，简称实参；被调用函数中接收主函数传递来的数据的参数称为形式参数，简称形参。

　　"自顶向下"的设计是我们遇到复杂问题时的一个解决方法。在编写程序时，一般从主函数开始。首先将任务作为一个整体考虑，找出实现整个任务的主要步骤。一旦确定了主要步骤，就可以将它们分解成更小的任务。如果这些任务还很复杂，就继续将它们进行分解。这个过程一直持续到每个任务都足够简单，可以独立解决为止。通过日历程序，可以很好地体会"自顶向下"的设计方法和设计步骤。

　　当程序实现了模块化后，各个函数包含了多个变量，每个变量都有自己的作用域和生存期。一般来说，函数内部定义的变量，其作用域为当前的函数；函数外部定义的变量，其作用域从函数定义位置开始到程序结束。变量有四种存储方式：自动的(auto)、静态的(static)、寄存器的(register)和外部的(extern)。多数变量在定义时默认为 auto 变量；static 变量在程序运行过程中会一直存在，不会消失，容易造成一些不易察觉到的错误，所以在程序设计时一般很少使用；register 变量允许将局部变量的值放在 CPU 的寄存器中，现在的计算机能够识别使用频繁的变量，从而自动地将这些变量放在寄存器中，而不需要程序设计者指定。关键字 extern 的使用分为如下两种情况：① 在一个文件内扩展外部变量的作用域；② 将外部变量的作用域扩展到其他文件。在编译多源程序文件时，需要用 extern 来声明某些变量和函数。

8.7　习　　题

一、选择题

1. 一个完整的 C 语言的源程序是(　　)。

    A．由一个主函数或一个以上的非主函数构成

    B．由一个且仅由一个主函数和零个以上的非主函数构成

    C．由一个主函数和一个以上的非主函数构成

    D．由一个且只有一个主函数或多个非主函数构成

2. 以下关于函数的叙述中正确的是(　　)。

    A．C 语言程序将从源程序中的第一个函数开始执行

    B．可以在 C 语言程序中由用户指定任意一个函数作为主函数，程序将从此开始执行

    C．C 语言规定必须用 main 作为主函数名，程序将从此开始执行并且在此结束

    D．main 可作为用户标识符，用以定义任意一个函数

3. 以下关于函数的叙述，不正确的是(　　)。

    A．C 程序是函数的集合，包括标准库函数和用户自定义函数

    B. 在 C 语言程序中，被调用的函数必须在 main 函数中定义

    C. 在 C 语言程序中，函数的定义不能嵌套

    D. 在 C 语言程序中，函数的调用可以嵌套

4. 在一个 C 语言程序中，(   )。

    A. main 函数必须出现在所有函数之前

    B. main 函数可以在程序中的任何地方出现

    C. main 函数必须出现在所有函数之后

    D. main 函数必须出现在固定位置

5. 若在 C 语言中未说明函数的类型，则系统默认该函数的数据类型是(   )。

    A. float   B. long   C. int   D. double

6. 以下关于函数的叙述，错误的是(   )。

    A. 函数未被调用时，系统将不为形参分配内存单元

    B. 实参与形参的个数应相等，且实参与形参的类型必须对应一致

    C. 当形参是变量时，实参可以是常量、变量或表达式

    D. 形参可以是常量、变量或表达式

7. 若函数调用时参数为基本数据类型的变量，则以下叙述正确的是(   )。

    A. 实参与其对应的形参共占存储单元

    B. 只有当实参与其对应的形参同名时才共占存储单元

    C. 实参与对应的形参分别占用不同的存储单元

    D. 实参将数据传递给形参后，立即释放原先占用的存储单元

8. 函数调用时，当实参和形参都是简单变量时，它们之间数据传递的过程是(   )。

    A. 实参将其地址传递给形参，并释放原先占用的存储单元

    B. 实参将其地址传递给形参，调用结束时形参再将其地址回传给实参

    C. 实参将其值传递给形参，调用结束时形参再将其值回传给实参

    D. 实参将其值传递给形参，调用结束时形参并不将其值回传给实参

9. 若函数调用时的实参为变量，以下关于函数形参和实参的叙述正确的是(   )。

    A. 函数的实参和其对应的形参共占同一存储单元

    B. 形参只是形式上的存在，不占用具体存储单元

    C. 同名的实参和形参占用同一存储单元

    D. 函数的形参和实参分别占用不同的存储单元

10. 若用数组名作为函数调用的实参，则传递给形参的是(   )。

    A. 数组的首地址   B. 数组的第一个元素的值

    C. 数组中全部元素的值   D. 数组元素的个数

11. 如果一个函数位于 C 语言程序文件的上部，在该函数体内说明语句后的复合语句中定义了一个变量，则该变量(   )。

    A. 为全局变量，在本程序文件范围内有效

    B. 为局部变量，只在该函数内有效

    C. 为局部变量，只在该复合语句中有效

    D. 定义无效，为非法变量

12．在 C 语言中，函数返回值的类型是由(　　)决定的。
  A．return 语句中的表达式类型
  B．调用函数的主调函数类型
  C．调用函数时临时指定的类型
  D．定义函数时所指定的函数类型

13．定义一个 void 型函数意味着调用该函数时，函数(　　)。
  A．通过 return 返回一个用户所希望的函数值
  B．返回一个系统默认值
  C．没有返回值
  D．返回一个不确定的值

14．C 语言规定，程序中各函数之间(　　)。
  A．既允许直接递归调用，也允许间接递归调用
  B．不允许直接递归调用，也不允许间接递归调用
  C．允许直接递归调用，不允许间接递归调用
  D．不允许直接递归调用，允许间接递归调用

15．若程序中定义函数

```
1   float myadd(float a,   float b)
2   {
3       return a+b;
4   }
5
```

将其放在调用语句之后，则在调用之前应对该函数进行声明。以下声明错误的是(　　)。
  A．float myadd(float a，b);　　　　　B．float myadd(float a，float b);
  C．float myadd(float，float);　　　　D．float myadd(float b，float a);

二、填空题

1．以下程序实现了计算 x 的 n 次方，请将程序填写完整。

```
1    #include<stdio.h>
2
3    float power(float x,int n)
4      {   int i;
5          float t=1;
6          for(i=1;i<=n;i++)
7          t=t*x;
8          _____;
9      }
10
11   int main( )
```

```
12    {      float x,y;
13           int n;
14           scanf("%f,%d",&x,&n);
15           y=power(x,n);
16           printf("%8.2f\n",y) ;
17           return 0;
18    }
19
```

2. 以下程序实现了求两个数的最大公约数，请将程序填写完整。

```
1     #include<stdio.h>
2
3     int divisor(int a,int b)
4     {
5          int r;
6          r=a%b;
7          while(_____)
8          {
9               a=b;
10              b=r;
11              r=a%b;
12          }
13        return b;
14    }
15
16    void main()
17    {
18         int a,b,d,t;
19         printf("请输入第一个数：");
20         scanf("%d",&a);
21         printf("请输入第二个数：");
22         scanf("%d",&b);
23         if (a<b)
24         {
25              t=a;
26              a=b;
27              b=t;
28         }
29
```

30	d=divisor(a,b);
31	printf("\n gcd=%d",d);
32	
33	return 0;
34	}
35	

三、编程题

1. 编写一个判断素数的程序，在主函数中输入一个整数，调用 prime 函数来判断该数是否为素数且输出该数是否为素数的信息。

2. 编写一个程序，输入年、月、日，计算该日是该年的第几天。

3. 求方程 $ax^2 + bx + c = 0$ 的根，用三个函数分别求当 $b^2 - 4ac > 0$、$b^2 - 4ac = 0$、$b^2 - 4ac < 0$ 时的根并输出结果(要求在主函数中输入 a、b、c 的值)。

4. 编写一个函数，使输入的字符串按逆序存放，并在主函数中输入和输出字符串。

5. 用牛顿迭代法求方程的根。方程为 $ax^3 + bx^2 + cx + d = 0$，其系数 a、b、c、d 的值依次为 1、2、3、4，由主函数输入。求 x 在 1 附近的一个实根，求出实根后由主函数输出。

6. 用递归法求 n 阶勒让德多项式的值，递归公式为

$$P_n(x) = \begin{cases} 1 & (n = 0) \\ x & (n = 1) \\ \dfrac{(2n-1)x - P_{n-1}(x) - (n-1)P_{n-2}(x)}{n} & (n \geqslant 1) \end{cases}$$

7. 编写一个函数，输入十六进制数，输出相应的十进制数(假设所有的数据均是整数，不带小数)。

8. 求 $1 + 2! + 3! + \cdots + 20!$ 的和。

9. 利用递归函数调用方式，将所输入的 5 个字符以逆序打印出来。

10. 字符串反转，如将字符串 "www.cqepc.cn" 反转为 "nc.cpeqc.www"。

11. 猜数字游戏。写一个猜数字游戏的程序，随机生成一个数字，让观众猜测，猜对询问是否继续，要能统计猜的次数。

项目 9　　为函数设置多个返回值

9.1　项 目 要 求

(1) 理解指针和地址的概念。

(2) 掌握指针变量、指针数组的使用。

(3) 了解动态数组的建立方法。

9.2　项 目 描 述

在排序算法中，需要对两个数据进行交换，而且交换的次数非常多。这时，我们可以采用函数的形式来进行数据交换。下面是函数形式的一个版本。

```
1    /*===============================
2    *程序名称：swap-1.c
3    *功能：利用函数实现两个数据互换，
4    *      这是一个错误的版本
5    ===============================*/
6    #include <stdio.h>
7    #include <stdlib.h>
8
9
10   /*函数声明*/
11   void swap(int x,int y);
12
13   /*主函数*/
14   int main()
15   {
16       int a,b;
17       printf("请输入第一个数据:");
18       scanf("%d",&a);
19       printf("请输入第二个数据:");
```

```
20        scanf("%d",&b);
21        printf("交换前的数据：a=%d,b=%d\n",a,b);
22
23        swap(a,b);
24
25        printf("交换后的数据：a=%d,b=%d\n",a,b);
26
27        return 0;
28    }
29
30    /*
31    *函数名称：swap
32    *功能：交换两个数据
33    *使用实例：swap(a,b);
34    */
35
36    void swap(int x,int y)
37    {
38        int temp;
39        temp=x;
40        x=y;
41        y=temp;
42    }
43
```

程序运行的结果如下：

```
请输入第一个数据:59↵
请输入第二个数据:23↵
交换前的数据：a=59，b=23
交换后的数据：a=59，b=23
```

上述程序首先输入两个数据，保存在变量 a 和 b 中，然后调用 swap 函数，a、b 作为实参用于将数值传递给形参 x、y，在函数 swap 中 x 和 y 进行了数值交换。上述过程看上去没有什么问题，但是 a 和 b 的数值却没有发生变化。

在调用 swap 函数时，会把实参 a 和 b 的数值分别传递给形参 x 和 y，同时实参和形参位于不同的函数帧中，不会相互覆盖。当程序执行 swap 函数时，main 函数中的变量 a 和 b 暂时被放置到一边，等到程序返回到 main 函数时，a 和 b 才会显现出来。这样，当我们在 swap 函数中改变 x 和 y 的数值时，并没有改变 a 和 b 的数值，所以 a 和 b 没有交换，交换的仅仅是形参 x 和 y，而且在 swap 函数结束时，给变量 x 和 y 分配的内存空间被丢弃，于是我们无法通过调用 swap 函数来交换 a 和 b 的数值。能否用 return 语句返回数值呢？答案是否定的。这是因为 return 语句只能返回一个数值，而无法返回两个数值。如果要让函数返回多个数值，则可以使用指针。接下来将讲解指针的概念，然后利用指针使得函数返回多个返回值。

9.3 指　　针

指针是 C 语言中的一个重要概念，也是 C 语言的一个重要特色。正确而灵活地使用指针，可以有效表示各种复杂的数据结构；掌握指针的应用，可以使程序简洁、高效、紧凑，可以说指针是 C 语言程序设计的精华。

9.3.1 地址和指针

在程序中，数据不仅可以存储于简单的变量中，还可以存储在复杂的数据结构(如数组)中。在 C 语言中，任何一个指向能存储数据的内存位置的表达式称为左值。左值可以出现在表达式的左边。比如简单的变量就是左值，因此可以这样写一个语句：

        x=12;

同样地，数组元素也是左值，我们可以直接对它进行赋值：

        a[2]=4;

但在 C 语言中，还有很多值并不是左值，如常量，我们无法改变常量的数值。同样地，算术表达式也不是左值，因此不能把值直接赋给算术表达式。

左值有如下四个特性：

(1) 每个左值都存储在内存中，因此必须有地址。

(2) 一旦声明左值，尽管左值的内容可以改变，但是它的地址永远不能改变。

(3) 按照所保存的数据类型，不同的左值需要不同大小的内存。

(4) 左值的地址本身也是数据，也能在内存中进行操作和存储。

为了说明左值的这几个特性，我们作如下的声明：

        int　i;

这个声明为整数变量 i 在内存的某个区域保留了一个存储空间。例如，如果一个计算机系统中整数需要 4 个字节的空间，那么变量 i 可能会得到 1000～1003 的位置，如图 9-1(a)的阴影部分所示。

根据第四个特性，和变量 i 相关的地址 1000 本身也是一个数值。毕竟，根据字面意义，值 1000 只是一个整数，可以存入内存，而它恰巧代表另一个值的地址，这对程序设计过程来说是很重要的，但不影响值 1000 的内部表示，它在内存中的存储方式和其他整型数据是一样的。比如，我们可以把变量 i 的地址存入下一个内存单元，即地址 1004～1007 的字节。图 9-1(b)说明了进行此操作的结果。

出现在地址 1004 的值 1000 可以用来指向存放在阴影部分的变量 i 的地址。为了强调位于 1004 的地址和位于 1000 的变量 i 之间的关系，程序员常在内存图上画上箭头，如图 9-1(c)所示。

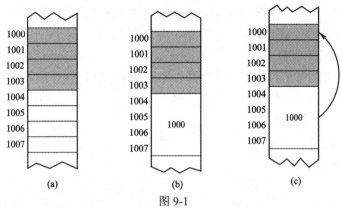

图 9-1

当然，在计算机内部是没有箭头的。地址 1004 中只是包含了 1000 这个整数的数值而已。同样是一个整数数值，我们当作整数来使用还是当作地址来使用取决于变量在程序中是怎样声明的。如果将变量声明为指针，就可以把存放在地址 1004 的值 1000 理解成内存中变量 i 的地址，并使用指针查找或操作 i 的值。

9.3.2 声明指针变量

与 C 语言中的其他变量一样，指针变量在使用前必须进行声明。声明指针变量的格式如下：

    基类型　*变量名;

基类型是指指针指向的值的类型；变量名是指被声明的指针变量的名称。如：

    int *p;

声明了一个指向整型类型数据的指针变量 p。类似地，有

    char *cptr;

声明变量 cptr 为指向字符型数据的指针。虽然这两种类型在计算机内部都是以地址的形式表示的，但指向整型的指针和指向字符型的指针在 C 语言中还是有区别的。如果要使用该地址中的数据，编译系统就必须知道如何解释地址里的数据，因此必须说明指针所指向的数据的类型。指针指向的数据的类型称为指针的基本类型。

星号(*)表示这是一个指针变量，用来和普通的变量进行区分。必须注意，如果声明两个相同类型的指针，就必须给每个变量都加上星号(*)。如：

    int *p1, *p2;

但是声明

    int *p1, p2;

则声明 p1 为指向整型的指针，而 p2 为整型变量。

9.3.3 指针的基本操作

C 语言中定义了以下两种操作指针值的运算符：

(1) &：用于取指针地址。

(2) *：用于取指针指向的值。

& 运算符把对应于某个内存中的值的表达式作为操作数，这个操作数通常是一个变量或一个数组的引用。操作数必须是一个左值，而且写在&后。对于一个给定的左值，&运算符会返回存储该左值的内存地址。

* 运算符取任意指针类型的值，返回其指向的左值，这一操作称为对指针的间接引用。* 操作可产生一个左值，说明可以对其进行赋值。

例 9-1　变量和指针变量的练习。

1	#include <stdio.h>
2	#include <stdlib.h>
3	int main()
4	{
5	int x,y;
6	int *p1,*p2;
7	x=35;
8	y=78;
9	p1=&x;
10	p2=&y;
11	printf("x=%d\n",x);
12	printf("y=%d\n",y);
13	printf("p1 指向 x, *p1=%d\n",*p1);
14	printf("p2 指向 y, *p2=%d\n",*p2);
15	return 0;
16	}
17	

程序运行的结果为

```
x=35
y=78
p1 指向 x，*p1=35
p2 指向 y，*p2=78
```

以下声明：

```
int   x, y;
int   *p1, *p2;
```

声明了两个整型变量 x 和 y，以及两个指向整型的指针 p1 和 p2。假设其内存中的存放状态如图 9-2(a)所示。对于整型变量，可以对它们进行赋值，如执行如下赋值语句：

```
x=35;
y=78;
```

就产生了如图 9-2(b)所示的内存状态。为了初始化指针变量 p1 和 p2，需要将那些表示整型对象的地址赋值给它们。在 C 语言中，产生地址的运算符是&，用&把 x 和 y 的地址分别赋值给 p1 和 p2：

```
p1=&x;
p2=&y;
```

这样赋值后，内存就变成了如图 9-2(c)所示的状态。为了直观起见，图 9-2(d)中用箭头来表示指针 p1 和 p2 与 x 和 y 的关系。

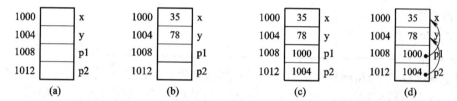

图 9-2

如果要从指针转向它所指向的值，则可以使用 * 运算符。如：

```
*p1
```

指出了 p1 指向的内存位置处所存放的值，也就是变量 x 的数值 35。

例 9-2　指针赋值。

```
1    #include <stdio.h>
2    #include <stdlib.h>
3
4
5    int main()
6    {
7        int x,y;
8        int *p1,*p2;
9        x=35;
10       y=78;
11       p1=&x;
12       p2=&y;
13
14       printf("x=%d\n",x);
15       printf("y=%d\n",y);
16       printf("p1 指向 x, *p1=%d\n",*p1);
17       printf("p2 指向 y, *p2=%d\n",*p2);
18
19       *p1=19;
```

20	printf("执行*p1=19;后 x=%d\n",x);
21	return 0;
22	}
23	

程序运行的结果如下:

```
x=35
y=78
p1 指向 x，*p1=35
p2 指向 y，*p2=78
执行*p1=19; 后 x=19
```

由于 p1 被声明为指向整型数据的指针，所以编译器知道表达式 *p1 一定是一个整数。如果内存结构如图 9-2 所示，那么*p1 与 x 的作用是相同的。如执行赋值语句

　　　　*p1=19;

其作用与语句

　　　　x=19;

是一致的，都会改变变量 x 的值，如图 9-3 所示。从中可以看出，p1 的值本身并没有因为赋值而发生改变，它的数值仍然是 1000，所以仍然指向变量 x。

我们也可以给指针变量本身进行赋值，如:

　　　　p1=p2;

计算机将取出变量 p2 的值并将该值赋值给变量 p1。因为 p2 的值是指针值 1004，所以 p1 的值也是 1004，这样 p1 和 p2 就会同时指向变量 y，如图 9-4 所示。就发生在机器内部的操作而言，赋值一个指针和赋值一个整数的操作完全一样，指针的值(1004)被原封不动地赋值到了目的地。从图的概念上来说，赋值指针的效果就是将目的地指针处的箭头替换为与原指针指向同一个位置的箭头，所以赋值语句

　　　　p1=p2;

的效果就是改变了从 p1 出发的箭头，使其和从 p2 出发的箭头指向同一内存。

图 9-3　　　　　　　　　　　　　　图 9-4

可见，能够区分指针赋值和值赋值是很重要的。如:

　　　　p1=p2;

的指针赋值能够使 p1 和 p2 指向同一位置，而语句

　　　　*p1=*p2;

的值赋值则是把 p2 指向地址的值赋值到 p1 指向的内存地址位置中。

9.4　让函数返回多个值

如果用函数实现交换两个数值，则可以用指针来解决这个问题。下面是完整的程序。

例 9-3　利用函数实现两个数据交换。

```
1    /*================================
2    *程序名称：swap-2.c
3    *功能：利用函数实现两个数据互换
4    ================================*/
5    #include <stdio.h>
6    #include <stdlib.h>
7
8
9    /*函数声明*/
10   void swap(int *p1,int *p2);
11
12   /*主函数*/
13   int main()
14   {
15       int a,b;
16       printf("请输入第一个数据:");
17       scanf("%d",&a);
18       printf("请输入第二个数据:");
19       scanf("%d",&b);
20       printf("交换前的数据：a=%d, b=%d\n", a, b);
21
22       swap(&a,&b);
23
24       printf("交换后的数据：a=%d, b=%d\n", a, b);
25
26       return 0;
27   }
28
29   /*
30   *函数名称：swap
31   *功能：交换两个数据
32   *使用实例：swap(&a,&b);
```

33	*/
34	
35	void swap(int *p1,int *p2)
36	{
37	int temp;
38	temp=*p1;
39	*p1=*p2;
40	*p2=temp;
41	}
42	

程序运行的结果如下：

请输入第一个数据:**59**↵

请输入第二个数据:**23**↵

交换前的数据：a=59，b=23

交换后的数据：a=23，b=59

上述程序的流程是：在 main 函数中输入 a 和 b 的数值，然后调用 swap 函数交换 a 和 b 的数值。在主程序调用 swap 函数之前，main 函数的帧如图 9-5 所示。

尽管在帧图中没有包括地址，但要认识到变量 a 和 b 就在内存中的某处。例如，变量 a 和 b 存储到以地址 1000 开始的内存中，如图 9-6 所示。

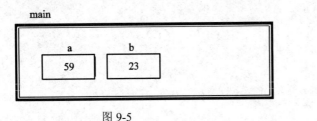

图 9-5

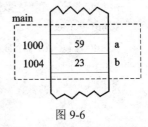

图 9-6

当 main 函数中用语句 "swap(&a，&b);" 调用 swap 函数时，即为 swap 函数建立了一个新的帧，它的形式参数是指向整型的指针变量 p1 和 p2。调用后，p1 和 p2 被初始化为实际参数&a 和&b，即 a 和 b 的地址。swap 的帧如图 9-7 所示。这个帧同样也处于内存的某处，假设内存如图 9-8 中左图所示。

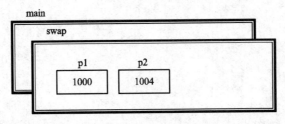

图 9-7

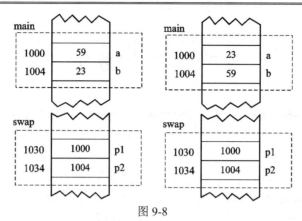

图 9-8

如图 9-7 所示，下列语句把地址为 p1 的整型数值与地址为 p2 的整型数值进行了交换：

1	temp=*p1;
2	*p1=*p2;
3	*p2=temp;

当 swap 函数返回时，地址 1000 和地址 1004 中的值的改变还是有效的，所以 main 函数的帧应如图 9-9 所示。指针作为参数使函数能够改变其调用函数的帧中的值。

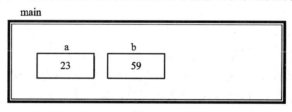

图 9-9

函数进行数值传递时，数值是单项传递的，只能从实际参数传递给形式参数，而形式参数无法改变实际参数的值。那么为什么 p1 和 p2 可以改变变量 a 和 b 的值呢？答案就是在调用 swap 函数时，传递的参数是一个地址，而不是变量的值。p1 和 p2 接收了实际参数 a 和 b 的地址值(1000 和 1004)，并没有接收 a 和 b 的值(59 和 23)，而且形式参数 p1 和 p2 也无法修改 a 和 b 的地址值。假如把 swap 函数进行如下修改，则同样不能实现 a 和 b 数值的交换：

```
1   void swap(int *p1,int *p2)
2   {
3       int  *temp;
4       temp=p1;
5       p1=p2;
6       p2=temp;
7   }
8
```

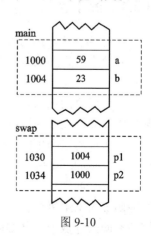

因为这个函数交换的是 p1 和 p2 的值，当函数 swap 返回时，变量 p1 和 p2 被丢弃，而 a 和 b 的数值并没有改变，如图 9-10 所示。

图 9-10

9.5　指针和数组

上面讨论了指针指向某一简单变量时的情况。实际上，指针可以指向任何的左值，而数组元素也是左值，所以它也有地址。例如，我们声明以下一个数组：

　　　　double list[3];

该数组预留了 3 个连续的内存单元，每个单元都可以存放一个 double 类型的值。double 类型为 8 个字节长，该数组占用的内存如图 9-11 所示。这 3 个数组元素都有地址，这些地址可以使用&运算符得到。例如，表达式

　　　　&list[1]

的值为 1008，因为元素 list[1]存放于该地址。此外，下标值可以不是常数。因为表达式

　　　　list[i]

是一个左值，所以

　　　　&list[i]

是合法的，它表示 list 中第 i 个元素的地址。

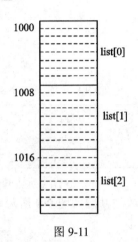

图 9-11

由于 list 中第 i 个元素的地址取决于变量 i 的值，所以 C 语言编译器在编写程序时无法计算这一地址。为了确定这一地址，编译器产生一段指令，取数组的基地址，再加上适当的偏移量(偏移量就是将 i 的值乘以每个数组元素的字节数而得到的)，可计算出 list[i]的地址为

$$1000 + i \times 8$$

例如，当 i = 2 时，地址的计算结果即为 1016，与图中显示的 list[2]的地址是一致的。计算任何一个数组元素地址的过程都是自动进行的，在编写程序时无需考虑计算的细节问题。

9.5.1　指针运算

在 C 语言中，我们可以将运算符+和−用于指针。对指针值应用加减的过程称为指针运算。对数字进行加减运算的结果由简单的数学运算规则来决定，但是指针的加减运算则有所不同。

指针运算的规则是：如果指针 p 指向数组 arr 的首元素 k，且 k 为正整数，则 p+k 就是数组中第 k 个元素的地址，即 p+k=&arr[k]。

为了说明这个规则，假设在一个函数有如下声明：

　　　　double list[3];

　　　　double *p;

即在函数内部给每个变量都分配了空间。对于数组 list，编译器为它的 3 个元素都分配了足够的空间来存放一个 double 类型的数据。对于指针变量 p，编译器为其分配了足够的空间

来存放某个 double 类型的左值的地址。如果数组首元素的地址为 1000，则内存单元的分配情况如图 9-12 所示。

　　由于没有给上述变量赋值，所以无法确定其初始内容。可以使用下面的赋值语句进行赋值：

1	list[0]=1.0;
2	list[1]=1.1;
3	list[2]=1.2;
4	p=&list[0];
5	

上述语句为数组的 3 个元素分别指定一个数值，然后初始化指针 p，使其指向数组的起始地址。完成上面的赋值后，内存单元中存放的数值如图 9-13 所示。

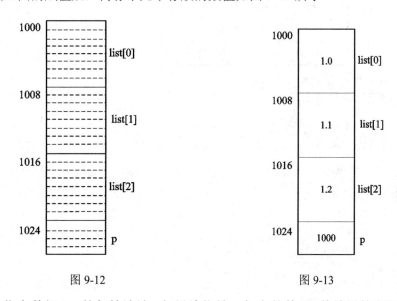

　　　　图 9-12　　　　　　　　　　　　　　　　　图 9-13

　　指针 p 指向数组 list 的起始地址，如果给指针 p 加上整数 k，其结果就和下标为 k 的数组元素的地址相对应。例如，如果程序包含表达式

　　　　p+2

则表达式求的值将指向 list[2]的新的指针值，所以在图 9-13 中，p 指向地址 1000，p+2 指向数组中该元素后出现的第二个元素的地址，即地址 1016。需要注意的是，指针加法和传统加法是不同的，因为指针运算必须考虑基本类型的大小。在本例中，由于每个 double 型数值需要 8 个字节，所以指针值每增加 1 个单位，内部数值必须增加 8。

　　C 语言编译器处理从指针减去整数时，也采用类似的方法。在表达式

　　　　p+k

中，p 是一个指针，k 是一个整数。该表达式计算的是数组中 p 的当前值指向的地址前第 k 个元素的地址，所以如果设 p 指向 list[1]的地址，即

　　　　p=&list[1];

则 p−1 和 p+1 分别为 list[0]和 list[2]的地址。

从编程人员的角度来看，指针运算会自动考虑基本类型的大小。给定任何指针 p 和整数 k，表达式

> p+k

意味着不管每个元素需要多少内存，p+k 总是数组中 p 目前指向的地址后第 k 个元素的指针。数组元素所需的内存大小只有在理解计算机内部如何进行计算操作时才需要考虑。

既然表达式

> p+k

是一个指针，那么*(p+k)应该就是存储于该地址的数值。假设对数组 list 的元素和指针 p 的赋值如图 9-13 所示，表 9-1 比较了几种情况。

表 9-1　几种情况的比较

指针表示	数组表示	数值
*p	list[0]	1.0
*p+1	list[0]+1	2.0(1.0+1)
*(p+1)	list[0+1]	1.1

例 9-4　利用指针访问数组元素。

```
1   #include <stdio.h>
2   #include <stdlib.h>
3
4
5   int main()
6   {
7
8       float list[3]={1,1.1,1.2};
9       float *p;
10      p=list;
11      printf("*p=%.2f,list[0]=%.2f\n",*p,list[0]);
12      printf("*p+1=%.2f,list[0]+1=%.2f\n",*p+1,list[0]+1);
13      printf("*(p+1)=%.2f,list[0+1]=%.2f\n",*(p+1),list[0+1]);
14      return 0;
15  }
16
```

程序运行的结果如下：

```
*p=1.00,list[0]=1.00
*p+1=2.00,list[0]+1=2.00
*(p+1)=1.10,list[0+1]=1.10
```

算术运算符 *、/ 和 % 对指针来说没有意义，不能和指针操作数一起使用，而且 + 和 − 的使用也是有限的。在 C 语言中，可以给一个指针加上或者减去一个整数偏移量，但不能将两个指针相加。其他唯一可用于指针的算术操作是将两个指针相减，在表达式

　　　　p1−p2

中，p1 和 p2 是指针，用于返回 p2 和 p1 当前值之间的数组元素的个数。例如，如图 9-14 所示，指针 p1 指向 list[2]，p2 指向 list[0]，则表达式

　　　　p1−p2

的值为 2，因此在当前两个指针值之间有 2 个元素。

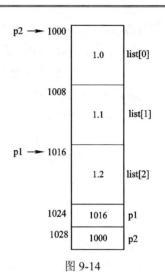

图 9-14

9.5.2　指针的自增和自减

指针变量除了可以进行加减运算外，也可以进行 ++ 和 −− 运算。在 C 语言中，常见的形式如下：

　　　　*p++

虽然 * 运算符和 ++ 运算符的优先级别相同，但是上式的运算顺序为从右到左，它等价于 *(p++)，即先进行 ++ 运算。然而根据项目 4 的知识我们可以得知，后缀式的 ++ 会首先使用 p 的数值进行 * 运算，然后再自增。举例来说，语句

　　　　printf("%f", *p++);

等价于如下语句：

　　　　printf("%f", *p);

　　　　p++;

9.5.3　指针和数组名

在使用数组元素时，可以通过基地址和偏移量来找到我们所需要的每个元素。任何一个数组，数组名代表了数组的基地址。对于 C 语言编译器来说，数组名就是一个指针，代表了计算数组的基地址。这样，当我们声明

　　　　double list[10];

　　　　double *p;

后，使 p 指向数组的首元素地址，下面两个语句是等价的：

　　　　p=&list[0];

　　　　p=lisit;

数组名 list 不代表整个数组，表达式

　　　　p=list

并不是"把数组 list 的元素赋值给 p"，而是"把数组 list 的首元素地址赋值给指针变量 p"。

对于上面声明的数组 list 和指针 p，如果 p 指向数组首元素的地址，则：

(1) p+i 和 list+i 都是元素 list[i]的地址，也可以说它们都指向数组 list 的第 i 个元素。

(2) *(p+i)和*(list+i)就是数组 list 的第 i 个元素的值，即 list[i]。

(3) 指针变量也可以带下标，如 p[i]与 list[i]等价。

指针变量和数组名都是指针，唯一不同的是，指针变量可以指向不同的地址，而数组名是一个常量，不能进行赋值。

举例来说，如果我们声明一个整型数组 a 有 10 个元素，那么要输出这 10 个元素的数值可以有以下四种方法：

(1) 数组元素方法。

```
for(i=0; i<10; i++)
        printf("%d", a[i]);
```

这种方法是我们在项目 5 中学习的方法。

(2) 指针方法：额外声明一个整型指针 p。

```
for(p=a; p<a+10; p++)
        printf("%d", *p);
```

(3) 数组的指针形式。

```
for(i=0; i<10; i++)
        printf("%d", *(a+i));
```

(4) 指针的数组形式。

```
p=a;
for(i=0; i<10; i++)
        printf ("%d", p[i]);
```

以上四种方法，建议使用前两种，后两种语法上没错，但概念上有些问题，把指针和数组混用，容易造成理解上的偏差。

例 9-5　访问数组元素的四种方法。

1	#include <stdio.h>
2	#include <stdlib.h>
3	
4	
5	int main()
6	{
7	int i;
8	int list[5]={1,2,3,4,5};
9	int *p;
10	
11	//对数组的访问有四种方式
12	//第一种　数组元素方法
13	for(i=0;i<5;i++)

```
14        {
15              printf("%4d",list[i]);
16        }
17        printf("\n");
18
19        //第二种　指针方法
20        for(p=list;p<list+5;p++)
21        {
22              printf("%4d",*p);
23        }
24        printf("\n");
25
26        //第三种 数组的指针形式
27        for(i=0;i<5;i++)
28        {
29              printf("%4d",*(list+i));
30        }
31        printf("\n");
32
33        //第四种　指针的数组形式
34        p=list;
35        for(i=0;i<5;i++)
36        {
37              printf("%4d",p[i]);
38        }
39         printf("\n");
40        return 0;
41   }
42
```

程序运行的结果如下：

```
1  2  3  4  5
1  2  3  4  5
1  2  3  4  5
1  2  3  4  5
```

程序中列举了四种表达方式，这四种方法完成的功能一样，因此输出的数值完全一样。

9.5.4　指针作为函数参数

例 9-6　冒泡法排序，指针作为函数参数。

```
1   #include <stdio.h>
2   #include <stdlib.h>
3
4   #define Number 10
5
6   void Nbubble(int *bubble ,int n);
7
8   int main()
9   {
10      int i;
11      int   a[Number]={0};
12      for(i=0; i<Number; i++)
13      {
14          printf("请输入第%d 个数据：",i+1);
15          scanf("%d", &a[i]);
16      }
17      printf("未排序的数据是：\n");
18      for(i=0; i<Number; i++)
19      {
20          printf("%5d", a[i]);
21      }
22      printf("\n");
23
24      Nbubble(a, Number);     // 排序
25
26      printf("排好的顺序是：\n");
27      for(i=0; i<Number; i++)
28      {
29          printf("%5d",a[i]);
30      }
31      return 0;
32  }
33
34  void Nbubble(int *bubble ,int n)
```

35	{
36	int i,j,temp ;
37	for(j=0;j<n-1;j++)
38	{
39	for(i=0;i<n-1-j;i++)
40	{
41	if(*(bubble+i)>*(bubble+i+1))
42	{
43	temp=*(bubble+i);
44	*(bubble+i)=*(bubble+i+1);
45	*(bubble+i+1)=temp;
46	}
47	}
48	}
49	}
50	

在项目 8 中，我们写过一个冒泡法排序的函数，其原型为

　　　　void　Nbubble(int bubble[]，int n);

此处的形式参数中含有数组，用于接收实际参数传递来的数组首元素的地址。在实际中，C 语言编译器在处理形式参数 bubble 时，就是把它当作指针来处理的，相当于函数的原型被声明为

　　　　void　Nbubble(int *bubble, int n);

以上两种写法是等价的，而且在 Nbubble 函数运行时，第一个参数都当作指针运算来处理。

作为一般的原则，声明参数时必须体现出它们的用途。如果想要将一个参数作为数组使用，并从中选择元素，那么就应将该参数声明为数组；如果想要将一个参数作为指针使用，并且对其间接引用，那么就应将该参数声明为指针。

在 C 语言中，当变量不是作为参数传递，而是原始声明时，数组和指针最关键的区别就显现出来了。声明

　　　　int array[10];

和声明

　　　　int *p;

之间最根本的区别在于内存的分配。第一个声明为数组分配了 10 个字的连续单元来存放整型数组元素。第二个声明只分配了一个字的内存空间，其大小只能存放一个机器地址。

认识这一区别对于编程人员来说至关重要。如果声明一个数组，则需要工作空间，若声明一个指针变量，则变量在初始化之前和任何内存空间都无关。

按照目前的理解水平，将指针作为数组使用的唯一途径就是将数组的基地址赋给指针变量来初始化指针。如果进行过上述声明后，编写以下代码：

　　　　p=array;

那么指针变量 p 和 array 指向同样的地址，两者可以互换使用。

　　将指针指向一个已经存在的数组地址的技术存在很大的局限性。毕竟，如果已经有一个可以直接使用的数组名，那么把数组名赋值给指针并无意义。将指针作为数组使用的实际优势在于，可以把指针初始化为未声明的新内存，从而能在程序运行时建立新的数组。

9.5.5　动态分配

　　到目前为止，我们已经学会了两种为变量分配内存的机制。当声明一个全局变量时，编译器给在整个程序中持续使用的变量分配内存空间。因为变量分配到了内存的固定位置，所以这种分配称为静态分配。当在函数中声明一个局部变量时，给该变量分配的空间在系统栈中。调用函数时给变量分配内存空间，函数返回时释放该空间，这种分配方式称为自动分配。在需要新内存时得到内存，不需要内存时就释放这部分内存，这种在程序运行时获取新内存的过程称为动态分配。

　　当程序载入内存时，通常只占用可用内存空间的一部分。在大多数系统中，当程序需要更多的内存时，可以将一些未使用的内存空间分配给程序。例如程序运行时，需要一个新的数组空间，可以预留部分未分配的内存，再将其余的内存留到后面分配。程序可用的未分配的内存资源称为堆。

　　C 语言提供了一个从堆中分配内存空间的函数 malloc，它能够分配一块固定大小的内存，待分配的内存块的大小以字节为单位给出。例如分配 10 个字节的内存时可调用

　　　　malloc(10)

结果会返回一个指针，指向一个 10 字节大小的内存块。为了使用新分配的空间，必须将 malloc 的结果存放在一个指针变量内，以后就可以像使用数组一样使用该指针变量了。

9.5.6　void *类型

　　在 C 语言中，指针具有类型。如果通过

　　　　int *ip;

声明一个变量 ip，则该变量是一个指向整型的指针；而

　　　　char *cp;

则声明了一个指向字符的指针变量 cp。在 ANSI C 中，指针变量 ip 和 cp 的类型是不同的，如果想要把其他类型赋给这两个指针变量，编译器会发出警告信息。

　　malloc 函数用于为任何类型的值分配内存空间，所以必须返回一个未确定类型的"通用"指针。在 C 语言中，通用指针类型是一个指向空类型 void 的指针，void 也用于指示无返回值或者参数列表为空的函数。例如，声明一个指向 void 类型的指针，即

　　　　void *vp;

就可以将任何类型的指针值存入变量 vp，但不允许*运算符间接引用 vp。

　　void *类型允许函数(特别是 malloc 函数)返回以后由调用函数创建实际类型的通用指针。malloc 函数返回类型为 void *的指针值，表明其原型为

　　　　void *malloc(int nBytes);

　　注意，这个函数原型的结果类型与指针变量的声明方法非常类似。*表示结果是和函数

名而非基本类型相联系的指针。

　　ANSI C 能在指向 void 的指针类型和指向基本类型的指针类型间自动转换。例如，如果声明一个字符指针 cp 为

　　　　char *cp;

就可以用语句

　　　　cp=malloc(10);

将 malloc 函数的结果直接赋值给 cp。许多编程人员在赋值之前，会使用强制类型转换将 malloc 函数返回的结果转化为指向字符的指针，即

　　　　cp=(char *)malloc(10);

这样做能使指针类型间的转换更为清晰。尽管没有明显使用强制类型转换，但这条语句仍可以分配 10 个字节的新内存空间，并将第一个字节的地址存放在 cp 中。

9.5.7　动态数组

　　从概念上讲，赋值语句

　　　　cp=(char *)malloc(10);

建立了如图 9-15 所示的内存配置。

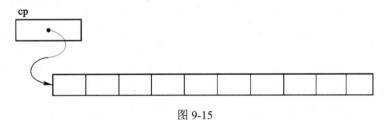

图 9-15

图中，变量 cp 指向已经在堆内分配的连续 10 个字节。因为指针和数组在 C 语言中能自由地相互转换，所以变量就好像声明一个含有 10 个字符的数组一样。

　　分配在堆上并用指针变量引用的数组称为动态数组，它在现代程序设计中具有非常重要的作用。一般来说，分配一个动态数组包含以下步骤：

　　(1) 声明一个指针变量，用以保存数组基地址。

　　(2) 调用 malloc 函数来为数组中的元素分配内存。由于不同的数据类型要求不同大小的内存空间，所以 malloc 函数必须分配大小等于数组元素数乘以每个元素自身大小的内存空间。

　　(3) 将 malloc 函数的结果赋值给指针变量。

　　例如，要给含有 10 个元素的整型数组分配空间，然后将该内存赋值给变量 arr，必须先用"int *arr;"来声明指针 arr，然后使用"arr=malloc(10*sizeof(int));"来分配空间。

　　声明数组和动态数组的主要区别是：与一个已声明的数组相关的内存是作为声明过程的一部分自动分配的。当声明数组的函数帧建立时，数组所有的元素都作为帧的一部分进行分配。在动态数组的情况下，实际内存在调用 malloc 函数时才会被分配。

　　在程序中，已声明的数组大小必须是不变的；而动态数组的内存来自于堆，所以它的大小可以是任意的。

9.5.8　释放内存

由于计算机内存系统的大小是有限的，堆的空间终会用完，此时 malloc 函数返回指针 NULL 表示分配所需内存块的工作失败。我们每次在调用 malloc 函数时，都要检查失败的可能，所以分配一个动态数组后，需要写如下语句：

　　　　arr=malloc(10*sizeof(int));

　　　　if(arr= =NULL)Error("No memory available");

因为动态分配往往会频繁地用于多种程序，因此检查错误非常重要，但这个工作极其单调乏味，而且常常因为出错信息使得代码变得混乱不堪，搞乱算法结构。实际上，当空间用完时，就无计可施了，程序显示出错信息并停止运行是唯一可行的方法。

保证不会发生内存不够的一种方法是，一旦使用完已分配的空间就立刻释放它。标准 ANSI 库提供了 free 函数，用于归还以前由 malloc 函数分配出去的堆内存。例如，如果已经不再使用分配给 arr 的内存，就可以通过调用

　　　　free(arr);

来释放该空间。

但事实证明，知道何时释放一块内存并不是那么容易的，根本问题在于分配内存和释放内存的操作分别属于程序的实现和客户。程序知道该何时分配内存，返回指针给客户，但它并不知道客户何时结束使用已分配的对象，所以释放内存是客户的责任，虽然客户可能并不十分了解对象的结构。

对于现代大多数计算机的内存来说，可以随意地分配所需要的内存而不需要考虑释放内存的问题。这种策略几乎对所有运行时间不长的程序都是非常有效的。内存有限的问题只有在设计一个需要长时间运行的应用，比如所有其他程序所依靠的操作系统时，才变得有意义。

某些语言支持那些能主动检查正在使用的内存，并释放不再使用的内存的动态分配系统，此策略称为碎片收集。C 语言中也有碎片收集分配器，而且它未来的应用也许会更加广泛。如果这样，即使在长时间运行的程序中，也可以忽略释放内存的问题，因为可以依靠碎片收集分配器自动执行释放内存的操作。

在大部分情况下，都可以假定内存足够大，无论何时都可以给我们的应用分配内存，这样大大简化了程序并能使我们专注于算法细节。

9.6　总　　结

指针是 C 语言中的一个重要概念，也是 C 语言的一个重要特色。每一个学习和使用 C 语言的人都应当深入地学习和掌握指针。掌握指针的应用，可以使程序简洁、高效、紧凑。可以说，指针是 C 语言程序设计的精华。

所谓指针，就是变量的地址。假设整型变量 a 存储的内存起始地址是 1000，那么我们就说 a 的指针是 1000。因为地址也是一个数据，自然可以存储起来，若定义一个特殊的变量 p，其存储的内容是变量 a 的地址，那么就说 p 是 a 的指针变量。定义指针变量的形式

如下：

　　　　基类型　*变量名；

　　基类型是指指针指向的值的类型；变量名是指被声明的指针变量的名称；星号(*)则表示这是一个指针变量，以跟普通的变量相区分。

　　C 语言中定义了两种操作指针值的运算符：&和*。

　　& 运算符把对应于某个内存中的值的表达式作为操作数，这个操作数通常是一个变量或一个数组的引用。操作数必须是一个左值，而且写在&后。对于一个给定的左值，&运算符会返回存储该左值的内存地址。

　　*运算符取任意指针类型的值，返回其指向的左值，这一操作称为对指针的间接引用。*操作产生一个左值，说明可以赋一个值给它。

　　若定义

　　　　int a；

　　　　int *p；

然后使用语句

　　　　p=&a；

把 a 的地址赋值给了 p，我们就说 p 指向了 a。

　　在 C 语言中，可以将运算符+和−用于指针，对指针值应用加减的过程称为指针运算。指针运算的规则是：如果指针 p 指向了数组 arr 的首元素 k，且 k 为正整数，则 p+k 就是数组中第 k 个元素的地址，即 p+k=&arr[k]。指针运算会自动考虑基本类型的大小，意味着不管每个元素需要多少内存，p+k 总是数组中 p 目前指向的地址后第 k 个元素的指针。

　　利用 malloc 函数可以实现内存单元的动态分配，在需要时随时来请求内存单元，当使用完内存后，使用 free 函数来释放得到的内存。

9.7　习　　题

一、选择题

1. 变量的指针，其含义是指该变量的(　　)。

　　A. 值　　　　　　　B. 地址　　　　　C. 名　　　　　　D. 一个标志

2. 若有定义 int k=2;int *ptr1, *ptr2，且 ptr1 和 ptr2 均已指向变量 k，下面不能正确执行的赋值语句是(　　)。

　　A. k=*ptr1+*ptr2　　　　　　　B. ptr2=k

　　C. ptr1=ptr2　　　　　　　　　D. k=*ptr1*(*ptr2)

3. 若有定义：int *p, m=5, n，则以下程序段正确的是(　　)。

　　A. p=&n；　　　　　　　　　　B. p = &n；
　　　　scanf("%d", &p)；　　　　　　　scanf("%d", *p)；

　　C. scanf("%d", &n)；　　　　　　D. p = &n；
　　　　*p=n；　　　　　　　　　　　　*p = m；

4. 若有变量定义和函数调用语句："int a=25;print_value(&a);"，则下面函数的输出结果是(　　)。

```
1  void print_value(int *x)
2  {
3      printf("%d\n", ++*x);
4  }
```

  A. 23   B. 24   C. 25   D. 26

5. 若有定义：int *p1, *p2, m=5, n，则以下均是正确赋值语句的选项是(　　)。

  A. p1=&m; p2=&p1;   B. p1=&m; p2=&n; *p1=*p2 ;

  C. p1=&m; p2=p1;   D. p1=&m; *p1=*p2 ;

6. 若有语句：int *p, a=4 和 p=&a，则下面均代表地址的选项是(　　)。

  A. a, p, *&a   B. &*a, &a, *p

  C. *&p, *p, &a   D. &a, &*p, p

7. 下面判断正确的是(　　)。

  A. char *a="china"; 等价于 char *a; *a="china";

  B. char str[10]={"china"}; 等价于 char str[10]; str[ ]={"china"};

  C. char *s="china"; 等价于 char *s; s="china";

  D. char c[4]= "abc", d[4]= "abc"; 等价于 char c[4]=d[4]= "abc";

8. 下面程序段中，for 循环的执行次数是(　　)。

```
1  char *s="\ta\018bc";
2  for ( ; *s!= '\0' ; s++)
3      printf("*") ;
4
```

  A. 9   B. 7   C. 6   D. 5

9. 下面程序段的运行结果是(　　)。

```
1  char *s="abcde";
2  s+=2 ;
3      printf("%d", s);
4
```

  A. cde   B. 字符 'c'

  C. 字符 'c' 的地址   D. 不确定

10. 以下与库函数 strcpy(char *p1, char *p2)功能不相同的程序段是(　　)。

  A. strcpy1(char *p1, char *p2)

    { while ((*p1++=*p2++)!='\0') ; }

  B. strcpy2(char *p1, char *p2)

    { while ((*p1=*p2)!= '\0') { p1++; p2++ } }

  C. strcpy3(char *p1, char *p2)

    { while (*p1++=*p2++) ; }

D. strcpy4(char *p1, char *p2)
{ while (*p2) *p1++=*p2++ ; }

11. 下面程序段的运行结果是( )。

1	char a[ ]="language", *p ;
2	p=a ;
3	while (*p!= 'u')
4	{
5	printf("%c", *p-32);
6	p++ ;
7	}

    A. LANGUAGE   B. language
    C. LANG   D. langUAGE

12. 若有定义：int a[5]，则 a 数组中首元素的地址可以表示为( )。

    A. &a   B. a+1   C. a   D. &a[1]

13. 以下选项中，对指针变量 p 的正确操作是( )。

    A. int a[3], *p;   B. int a[5], *p;   C. int a[5];   D. int a[5]
       p=&a;   p=a;   int *p=a=100;   int *p1, *p2=a;
                                                      *p1=*p2;

二、程序阅读题

1. 写出下面程序的输出结果。

1	#include<stdio.h>
2	int fun (char *s)
3	{
4	char *p=s;
5	while (*p) p++ ;
6	return (p-s) ;
7	}
8	int main ( )
9	{
10	char *a="abcdef" ;
11	printf("%d\n",fun(a)) ;
12	return 0;
13	}
14	

2. 写出下面程序的输出结果。

1	#include<stdio.h>
2	void sub(char *a,int t1,int t2)

```
3    {    char ch;
4         while (t1<t2)
5         {
6             ch = *(a+t1);
7             *(a+t1)=*(a+t2) ;
8             *(a+t2)=ch ;
9             t1++ ;
10            t2-- ;
11        }
12   }
13   int main ( )
14   {
15        char s[12];
16        int i;
17        for (i=0; i<12 ; i++)
18                    s[i]='A'+i+32 ;
19        sub(s,7,11);
20        for (i=0; i<12 ; i++)
21                    printf ( "%c" ,s[i]);
22        printf( "\n" );
23        return 0;
24   }
25
```

三、编程题

1. 定义 3 个整数及整数指针，仅用指针方法按由小到大的顺序输出。

2. 输入 10 个整数，将其中最小的数与第一个数互换，把最大的数与最后一个数互换。写 3 个函数(所有函数的参数均用指针)：① 输入 10 个整数；② 进行处理；③ 输出 10 个整数。

3. 编写一个求字符串的函数(参数使用指针)，在主函数中输入字符串，并输出其长度。

4. 编写一个函数原型为 "int strcmp(char *s1, char *s2);" 的函数，该函数可实现两个字符串的比较。

项目 10   大数求平均值问题

10.1   项 目 要 求

(1) 了解 C 语言 int、float、char 型数据的取值范围。

(2) 掌握 C 语言的位运算&、|、^。

(3) 掌握 C 语言的移位运算>>、<<。

10.2   项 目 描 述

下面的程序用来求 2147483647 和 2147483645 的平均值：

```
1   #include <stdio.h>
2   #include <stdlib.h>
3
4   int main()
5   {
6       int x,y,aver;
7       x=2147483645;
8       y=2147483647;
9       aver=(x+y)/2;
10      printf("%d 和%d 的平均值%d",x,y,aver);
11
12      return 0;
13  }
```

这个程序看似简单，但是运行后，平均值显示为 −2，如图 10-1 所示，结果显然不正确。

图 10-1

在计算机中的数据是有一定范围的，如果超出了范围，就会出错。对于三种基本的数据类型，其字节数以及表示数据的范围见表 10-1。

表 10-1 基本数据类型数据范围

类　型	类型说明符	长度	数　的　范　围
短整型	short	2 字节	$-32\,768 \sim 32\,767(-2^{15} \sim 2^{15}-1)$
基本型	int	4 字节	$-2\,147\,483\,648 \sim 2\,147\,483\,647(-2^{31} \sim 2^{31}-1)$
长整型	long	4 字节	$-2\,147\,483\,648 \sim 2\,147\,483\,647(-2^{31} \sim 2^{31}-1)$
无符号短整型	unsigned　short	2 字节	$0 \sim 65\,535(0 \sim 2^{16}-1)$
无符号整型	unsigned　int	4 字节	$0 \sim 4\,294\,967\,295(0 \sim 2^{32}-1)$
无符号长整型	unsigned　long	4 字节	$0 \sim 4\,294\,967\,295(0 \sim 2^{32}-1)$
字符型	char	1 字节	$-128 \sim 127$
无符号字符型	unsigned char	1 字节	$0 \sim 255$
单精度实型	float	4 字节	$10^{-37} \sim 10^{38}$
双精度实型	double	8 字节	$10^{-307} \sim 10^{308}$

从表 10-1 中可以看出，int 类型的数据用 4 个字节存放，数据的取值范围是 $-2\,147\,483\,648 \sim 2\,147\,483\,647$，C 程序在计算 aver=(x+y)/2; 时，会首先计算 x+y，而 $2\,147\,483\,645 + 2\,147\,483\,647$ 的和值 $4\,294\,967\,292$ 超过了 $2\,147\,483\,647$，$4\,294\,967\,292$ 的最高位是 1，按照补码运算规则，其数值是负数 -4，-4 除以 2 得到的结果就是 -2，如图 10-2 所示。

```
  2147483645        0111 1111 1111 1111 1111 1111 1111 1101
+ 2147483647      + 0111 1111 1111 1111 1111 1111 1111 1111
──────────        ──────────────────────────────────────
  4294967292        1111 1111 1111 1111 1111 1111 1111 1100
```

图 10-2

这个运算的过程涉及计算机中数据的存储和数据运算处理。在设计程序时，需要考虑数据计算过程中数据是否超过范围的问题，如果有，就要进行特殊处理。不过一般情况下，我们的数据都不会超过范围(约 -21 亿 $\sim +21$ 亿)。

对于大数的求和等计算，可以采用 C 语言的位运算。在上面求平均值的程序中，把 "aver=(x+y)/2;" 替换为 "aver=(x&y)+((x^y)>>1);" 即可，其中的符号 "&" "^" 和 ">>" 都是位运算符。

10.3 位 运 算 符

C 语言的位运算符如表 10-2 所示。

表 10-2 位 运 算 符

运算符	含　义	运算符	含　义
&	按位与	~	取反
|	按位或	<<	左移
^	按位异或	>>	右移

需要注意的是，只有整型数据或者字符型数据才能进行位运算，实型数据不能进行位运算。

10.3.1   "按位与"运算符(&)

"按位与"是指参加运算的两个数据按二进制位进行"与"运算。如果两个相应的二进制位都为 1，则该位的结果值为 1；否则为 0，即

$$0\&0 = 0,\ 0\&1 = 0,\ 1\&0 = 0,\ 1\&1 = 1$$

"按位与"主要有以下用途：

(1) 清零。若想对一个存储单元清零，即使其全部二进制位为 0，只要把数据和 0 相与即可。如：

$$
\begin{array}{r}
1111\ 0001 \\
\&\ \underline{00000000} \\
00000000
\end{array}
$$

例 10-1   把 unsigned char 类型数据第 3 位清零，其他的位不变。

假设数据为 unsigned char a = 25，其每一位的状态如图 10-3 所示。

	7	6	5	4	3	2	1	0
25	0	0	0	1	1	0	0	1

图 10-3   数值 25 每一位的状态

要对第 3 位清零，需要构建一个新的数，unsigned char b，b 的第 3 位是 0，其他位是 1，然后把 a 和 b 进行按位与运算即可，则 b 的每一位状态如图 10-4 所示。

	7	6	5	4	3	2	1	0
0xf7	1	1	1	1	0	1	1	1

图 10-4   b 的每一位状态

根据图 10-4，可以计算得出 b=0xf7。完整的程序代码如下：

```
1    /*=================================================
2    *程序名称：ex10_1.c
3    *功能：指定的位清零
4    *=================================================*/
5    #include <stdio.h>
6    #include <stdlib.h>
7
8    int main()
9    {
10       unsigned char a = 25;
11       unsigned char b = 0xf7;
12       a = a&b;
13       printf("第 3 位清零后，a 的值为：%d",a);
```

14	return 0;
15	}
16	

程序运行的结果如下：

> 第 3 位清零后，a 的值为：17

a 值得到的结果为 17，这个结果对不对呢？我们来验证一下。把 25 和 17 分别转换为二进制数，观察第 3 位是否变为 0，见图 10-5。

	7	6	5	4	3	2	1	0
25	0	0	0	1	1	0	0	1
17	0	0	0	1	0	0	0	1

图 10-5　25 和 17 每一位的状态

从图 10-5 可以看到，把 25 的第 3 位变为 0，其他位不变，得到的数值是 17。

【练习 10-1】　保留 unsigned char 类型数据 a 的第 3 位，其他位清零。

要保留第 3 位数，然后其他位清零，需要制造一个数 b，用于 a&b，b 应该满足什么条件呢？计算 b 的值，然后写出完整的程序。

1	/*==
2	*程序名称：tr10_1.c
3	*功能：指定的位保留
4	*==*/
5	_____
6	_____
7	_____
8	_____
9	_____
10	_____
11	_____
12	_____
13	_____
14	_____
15	_____
16	_____
17	

(2) 保留一个数据中的某些指定位，其余位清零。

要保留一个数 a 中指定位的数据，其他的位清零，则可以构建 b，b 中指定的位是 1，其他位是 0。然后计算 a&b，得到的结果保留了 a 中指定的位，其他位清零。

例 10-2　保留 unsigned char 类型数据第 5 位、第 3 位，其他位清零。

假设 unsigned　char　a=25，其每一位的状态如图 10-3 所示。保留数据第 5 位、第 3 位，其他位清零，则可以构建一个新数 unsigned char b，b 需要满足如下条件：第 5 位是 1，第 3 位是 1，其他位是 0。b 的每一位状态如图 10-6 所示。

	7	6	5	4	3	2	1	0
0x28	0	0	1	0	1	0	0	0

图 10-6　b 的每一位状态

把 a 和 b 进行"&"运算，即可得到结果。完整的程序代码如下：

```
1    /*==========================================
2    *程序名称：ex10_2.c
3    *功能：保留指定的位，其他位清零
4    *==========================================*/
5    #include <stdio.h>
6    #include <stdlib.h>
7    int main()
8    {
9        unsigned char a = 25;
10       unsigned char b = 0x28;
11       a = a&b;
12       printf("保留第 5 位，第 3 位，其他位清零后，a 的值为：%d",a);
13       return 0;
14   }
15
```

程序运行的结果如下：

```
保留第 5 位，第 3 位，其他位清零后，a 的值为：8
```

程序得到的结果为 8，这个结果对不对呢？我们来验证一下。把 25 和 8 分别转换为二进制数，观察第 5 位和第 3 位是否保留，其他位是否被清零，见图 10-7。

	7	6	5	4	3	2	1	0
25	0	0	0	1	1	0	0	1
8	0	0	0	0	1	0	0	0

图 10-7　25 和 8 每一位的状态

从图 10-7 可以看到，25 的第 5 位数 0 和第 3 位数 1 被保留，其他位都被清零了，得到的数为 8。

【练习 10-2】 保留指定的字节。

假设 int 类型的数据是 4 个字节，要保留最低字节，其他字节的数据都清零，写出完整的程序。

```
1    /*==========================================
2    *程序名称：tr10_2.c
3    *功能：保留最低字节，其他字节清零
4    *==========================================*/
5    _____
6    _____
7    _____
8    _____
9    _____
10   _____
11   _____
12   _____
13   _____
14   _____
15   _____
16   _____
```

10.3.2　"按位或"运算符(|)

"按位或"是指两个二进制位中只要有一个为 1，该位的结果值为 1，即

$$0|0=0,\ 0|1=1,\ 1|0=1,\ 1|1=1$$

"按位或"运算常用来对一个数据的某些位定值为 1。例如，使一个数 a (假设是一个字节)的低 4 位改为 1，只需将 a 与 0x0f 进行"按位或"运算即可。

$$\begin{array}{r}10110101\\ |\ \ 00001111\\ \hline 10111111\end{array}$$

例 10-3　将 unsigned char 类型数据第 5 位置 1，其他位不变。

假设 unsigned char a=25,其每一位的状态如图 10-3 所示。数据第 5 位置 1，其他位不变，则可以构建一个新数 unsigned char b，b 需要满足如下条件：第 5 位是 1，其他位是 0。b 的每一位状态如图 10-8 所示。

	7	6	5	4	3	2	1	0
0x20	0	0	1	0	0	0	0	0

图 10-8　b 的每一位状态

进行或运算 a=a|b，即可使 a 的第 5 位置 1，其他位不变。完整的程序代码如下：

```
1    /*=====================================
2    *程序名称：ex10_3.c
3    *功能：数据第 5 位置 1，其他位不变
4    *=====================================*/
5    #include <stdio.h>
6    #include <stdlib.h>
7    int main()
8    {
9        unsigned char a = 25;
10       unsigned char b = 0x20;
11       a = a|b;
12       printf("数据第 5 位置 1，其他位不变后，a 的值为：%d",a);
13       return 0;
14   }
15
```

程序运行的结果如下：

```
数据第 5 位置 1，其他位不变后，a 的值为：57
```

程序得到的结果为 57，这个结果对不对呢？我们来验证一下。把 25 和 57 分别转换为二进制数，观察到数据第 5 位置 1，其他位不变，见图 10-9。

	7	6	5	4	3	2	1	0
25	0	0	0	1	1	0	0	1
57	0	0	1	1	1	0	0	1

图 10-9 25 和 57 每一位的状态

从图 10-9 可以看到，25 的第 5 位置 1，其他位不变，得到的数为 57。

【练习 10-3】 最低位置 1。

假设数据 a 为 int 类型，有 4 个字节，把 a 的最低位置 1，应该如何做呢？在下面写出完整的程序。

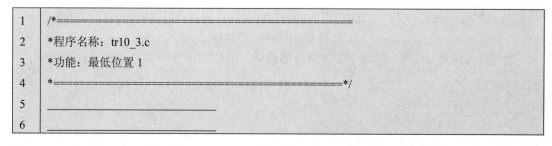

```
1    /*=====================================
2    *程序名称：tr10_3.c
3    *功能：最低位置 1
4    *=====================================*/
5    _____
6    _____
```

7	_____
8	_____
9	_____
10	_____
11	_____
12	_____
13	_____
14	_____
15	_____
16	_____
17	_____

10.3.3　"异或"运算符(^)

"异或"运算符^也称 XOR 运算符。"异或"运算的规则是：若参加运算的两个二进制位相同则结果为 0(假)，相异则结果为 1(真)，即

$$0\wedge0 = 0, \quad 0\wedge1 = 1, \quad 1\wedge0 = 1, \quad 1\wedge1 = 0$$

"异或"运算符的应用如下：

(1) 使特定位翻转。所谓的翻转，就是把 0 变为 1，把 1 变为 0。例如把低 4 位翻转，高 4 位不变。如：

```
   10110101
^  00001111
 ──────────
   10111010
```

例 10-4　将 unsigned char 类型数据 a 的第 4 位翻转，其他位不变。

假设 unsigned char a=25，其每一位的状态如图 10-3 所示。要求数据第 4 位翻转，其他位不变，则可以构建一个新数 unsigned char b，b 需要满足如下条件：第 4 位是 1，其他位是 0。b 的每一位状态如图 10-10 所示。

	7	6	5	4	3	2	1	0
0x10	0	0	0	1	0	0	0	0

图 10-10　b 的每一位状态

进行异或运算 a=a^b，即可使 a 的第 4 位翻转，其他位不变。完整的程序代码如下：

1	/*================================
2	*程序名称：ex10_4.c
3	*功能：数据 a 第 4 位翻转，其他位不变

4	*==*/
5	#include <stdio.h>
6	#include <stdlib.h>
7	int main()
8	{
9	unsigned char a = 25;
10	unsigned char b = 0x10;
11	a = a^b;
12	printf("数据 a 第 4 位翻转，其他位不变，a 的值为：%d",a);
13	return 0;
14	}
15	

程序运行的结果如下：

> 数据 a 第 4 位翻转，其他位不变后，a 的值为：9

程序得到的结果为 9，这个结果对不对呢？我们来验证一下。把 25 和 9 分别转换为二进制数，观察到数据第 4 位翻转，其他位不变，见图 10-11。

	7	6	5	4	3	2	1	0
25	0	0	0	1	1	0	0	1
9	0	0	0	0	1	0	0	1

图 10-11　25 和 9 每一位的状态

从图 10-11 可以看到，25 的第 4 位翻转，其他位不变，得到的数为 9。

(2) 交换两个值，不用临时变量。

例 10-5　交换 a 和 b 两个变量保存的值。例如：a=3，b=4。想将 a 和 b 的值互换，可以用以下赋值语句实现：

```
a=a^b;
b=b^a;
a=a^b;
```

完整的程序代码如下：

1	/*==
2	*程序名称：ex10_5.c
3	*功能：交换 a 和 b 两个变量保存的值
4	*==*/
5	#include <stdio.h>

```
6    #include <stdlib.h>
7    int main()
8    {
9        char    a,b;
10       a=3;
11       b=4;
12       printf("交换前 a=%d,b=%d\n",a,b);
13       a=a^b;
14       b=a^b;
15       a=a^b;
16       printf("交换后 a=%d,b=%d\n",a,b);
17       return 0;
18   }
19
```

程序运行的结果如下：

```
交换前 a=3,b=4
交换后 a=4,b=3
```

本例中，初始值 a=3，b=4，执行三步计算 a=a^b;b=a^b;a=a^b;后，a 和 b 的数值就交换过来了。中间没有任何其他变量。下面详细讲解每一步执行后 a 和 b 的变化。

(1) a=a^b;

初始值 a=3，b=4。

		7	6	5	4	3	2	1	0
a	3	0	0	0	0	0	0	1	1
b	4	0	0	0	0	0	1	0	0
a=a^b	7	0	0	0	0	0	1	1	1

执行完 a=a^b; 后，a=7，b=4。

(2) b=a^b;

a=7，b=4。

		7	6	5	4	3	2	1	0
a	7	0	0	0	0	0	1	1	1
b	4	0	0	0	0	0	1	0	0
b=a^b	3	0	0	0	0	0	0	1	1

执行完 b=a^b; 后，a=7，b=3。

(3) a=a^b;

a=7，b=3。

		7	6	5	4	3	2	1	0
a	7	0	0	0	0	0	1	1	1
b	3	0	0	0	0	0	0	1	1
a=a^b	4	0	0	0	0	0	1	0	0

执行完 b=a^b;后，a=4，b=3。

按位异或可以交换两个数，a=a^b; b=a^b; a=a^b; 这三个式子中，等号的右边都是 a^b，而左侧则是 a、b、a 的顺序。利用这个特点，可以很好地记忆住这个算法。

10.3.4 "取反"运算符(~)

~ 是一个单目(元)运算符，用来对一个二进制数按位取反，即将 0 变 1，将 1 变 0。例如：

$$\sim \quad \underline{00001111}$$
$$11110000$$

10.3.5 右移运算符(>>)

右移运算符用来将一个数的各二进制位全部向右移动若干位，低位右移舍弃，对于无符号数来说高位填充 0。如：

        unsigned int a=0xFFFFFFFF;

则 a>>4 的值为 0x0FFFFFFF。

对于无符号数，右移时左边高位移入 0。对于有符号数，如果原来符号位为 0(该数为正)，则左边也是移入 0；如果符号位原来为 1(即负数)，则左边移入 0 还是 1，要取决于所用的计算机系统。有的系统移入 0，有的系统移入 1。移入 0 的称为"逻辑右移"，即简单右移；移入 1 的称为"算术右移"。

右移一位相当于除以 2，右移 n 位相当于除以 2^n，但移出去的位不能为 1。

例 10-6 除以 2 的数字序列。

下面的程序利用右移指令制造了一个序列，每个数都是上一个数除以 2。

```
1   /*=========================================
2   *程序名称：ex10_6.c
3   *功能：制造一个序列，每个数都是上一个数除以 2
4   *=========================================*/
5   #include <stdio.h>
6   #include <stdlib.h>
7
8   int main()
9   {
10      unsigned char   a,b;
```

11	int i;
12	a=0x80;
13	for(i=0;i<8;i++)
14	{
15	b = a>>i;
16	printf("%5d",b);
17	}
18	
19	return 0;
20	}
21	

程序运行的结果如下:

```
128    64  32  16  8  4  2  1
```

我们把每个数的二进制数值写下来,如表 10-3 所示。

表 10-3　b 的数据变化

i	b = a>>i;	b
0	1 0 0 0 0 0 0 0	128
1	0 1 0 0 0 0 0 0	64
2	0 0 1 0 0 0 0 0	32
3	0 0 0 1 0 0 0 0	16
4	0 0 0 0 1 0 0 0	8
5	0 0 0 0 0 1 0 0	4
6	0 0 0 0 0 0 1 0	2
7	0 0 0 0 0 0 0 1	1

b 的数值每次都是除以 2,而观察二进制数后发现,1 从第 7 位逐步移动到了第 0 位。

10.3.6　左移运算符(<<)

左移运算符(<<)用来将一个数的各二进制位全部向左移动若干位,高位左移后溢出,舍弃,低位填充 0。如:

　　unsigned int a=0x50505050;

则 a<<4 的值为 0x05050500。

左移 1 位相当于该数乘以 2,左移 2 位相当于该数乘以 2^2=4,15<<2=60,即乘以 4。但此结论只适用于该数左移时溢出被舍弃的高位中不包含 1 的情况。

例 10-7　把 unsigned char 类型数据的任意位清零。

假设 unsigned char a，把某一位清零，可以构建一个新的数 unsigned char b，b 满足指定的位是零，其他位是 1，然后计算 a=a&b 即可。本题不是对固定的位进行清零，所以无法用一个确定的 b 进行计算，需要在程序运行过程中临时计算 b 的数值。完整的程序代码如下：

```
/*===========================================
*程序名称：ex10_7.c
*功能：把 unsigned char 类型数据的任意位清零
*===========================================*/
#include<stdio.h>
#include<stdlib.h>
int main()
{

    unsigned char a,b;
    int n;
    a=0xff;
    printf("要把 a 的哪一位清零(0~7)： ");
    scanf("%d",&n);
    b=~(0x01<<n);
    a=a&b;
    printf("把 a 的第%d 位清零后，a 的值为%x\n",n,a);
    return 0;
}
```

程序运行的结果如下：

要把 a 的哪一位清零（0~7）：**4←**
把 a 的第 4 位清零后，a 的值为 ef

程序运行结果中 ef 是十六进制数，其二进制数是 1110 1111，恰好第 4 位被清零了。

为了演示清零的功能，a 的值被设置为 0xff，所有的位都为 1。用 scanf 语句输入要清零的位，保存在变量 n 中。当 n=4 时，式子 b=~(0x01<<n)的计算过程如图 10-12 所示。

	7	6	5	4	3	2	1	0
0x01	0	0	0	0	0	0	0	1
0x01<<n	0	0	0	1	0	0	0	0
b=~(0x01<<n)	1	1	1	0	1	1	1	1

图 10-12 b=~(0x01<<n)的计算过程

从图 10-12 可以看到, b 的值第 4 位为 0, 其他位都是 1。若 n 的值为 3, 则 b=~(0x01<<n); 计算结果的二进制数为 11110111, 恰好第 3 位是 0, 其他位都是 1。

【练习 10-4】 写一个函数, 可以把整数的任意位清零。

例 10-7 中已经完成了对任意位清零的功能, 但在实际应用中, 经常需要对某一位进行清零, 把对整数的任意位清零写成函数的形式比较方便使用。把下面的程序补充完整。

```
1    /*==================================================
2    *程序名称：tr10_4.c
3    *功能：整数的任意位清零
4    *==================================================*/
5    #include <stdio.h>
6    #include <stdlib.h>
7    int clearN(int a,int n);
8    int main()
9    {
10       unsigned int a;
11       int n;
12       a=~0;
13       printf("要把 a 的哪一位清零(0~7)： ");
14       scanf("%d",&n);
15       a=clearN(a,n);
16       printf("把 a 的第%d 位清零后，a 的值为%x\n",n,a);
17       return 0;
18   }
19
20   int clearN(int a,int n)
21   {
22       int b ;
23       b = _____;        //在横线上填写合适的表达式
24       return b;
25   }
26
```

在不同的操作系统中, int 类型数据有不同的字节数, 计算式子~0 时, 会根据系统的实际位数生成一个全 0 的数, 然后取反, 就可以得到全为 1 的数了。在 64 位的 CodeBlocks 中运行 tr10_4.c, 得到的结果如下所示:

要把 a 的哪一位清零（0~7）：**4←**

把 a 的第 4 位清零后，a 的值为 ffffffef

10.3.7　复合赋值运算符

位运算符与赋值运算符可以组成复合赋值运算符，如&=、|=、>>=、<<=、^=。

例如：a & = b 相当于 a = a & b

a << =2 相当于 a = a << 2

表 10-4 是一些位运算的功能和实例。假定 x 的数据类型为 unsigned char。

表 10-4　位运算实例表

序号	功　　能	示　　例	位 运 算
1	去掉最后一位	00101101→00010110	x>> 1
2	在最后加一个 0	00101101→01011010	x << 1
3	在最后加一个 1	00101101→01011011	x << 1+1
4	把最后一位变成 1	00101100→00101101	x |1
5	把最后一位变成 0	00101101→00101100	x | 1−1
6	最后一位取反	00101101→00101100	x^1
7	把右数第 k 位变成 1	00101001→00101101，k=3	x |(1<< (k−1))
8	把右数第 k 位变成 0	00101101→00101001，k=3	x &(~(1<<(k−1)))
9	右数第 k 位取反	00101001→00101101，k=3	x^(1<<(k−1))
10	取末三位	01101101→101	x & 7
11	取末 k 位	01101101→1101，k=4	x & (1 << k−1)
12	取右数第 k 位	1101101→1，k=4	x >> (k−1) & 1
13	把末 k 位变成 1	00101001→00101111，k=4	x |(1<< k−1)
14	末 k 位取反	00101001→00100110，k=4	x ^ (1 << k−1)
15	把右边连续的 1 变成 0	00101111→00100000	x & (x+1)
16	把右起第一个 0 变成 1	00101111→00111111	x|(x+1)
17	把右边连续的 0 变成 1	11011000→11011111	x |(x−1)
18	取右边连续的 1	100101111→1111	(x ^ (x+1))>> 1
19	去掉右起第一个 1 的左边	100101000→1000	x& (x ^ (x−1))

10.4　位运算的实际应用

位运算有很多实际的应用，如压缩/解压缩技术、文件或者视频的压缩技术，都是采用位运算；IP 地址和子网掩码就是位运算在网络中的应用。位运算可以大大提高计算机的运行速度。下面列举几个位运算在数据计算上的应用。

(1) 与一个 2 的倍数相乘时，使用左移运算可以加速 300%。如：

x = x * 2;

x = x * 64;

改为

x = x << 1; // 2 = 2^1

x = x << 6; // 64 = 2^6

(2) 除以一个 2 的倍数时，使用右移运算可以加速 350%。如：

x = x / 2;

x = x / 64;

改为

x = x >> 1; // 2 = 2^1

x = x >> 6; // 64 = 2^6

(3) 实数转整数时，使用右移运算可以加速 10%。如：

x = (int)1.232

改为

x = 1.232 >> 0;

(4) 交换两个数值(swap)时，使用异或可以加速 20%。如：

t = a;

a = b;

b = t;

改为

a = a^b;

b = a^b;

a = a^b;

(5) 正负号转换时，使用非运算可以加速 300%。如：

i = –i;

改为

i = ~i + 1;

(6) 取余数时，如果除数为 2 的倍数，使用与运算可以加速 600%。如：

x = 131 % 4;

等价于

x = 131 & (4 – 1);

(7) 利用与运算检查整数是否为 2 的倍数时，使用与运算可以加速 600%。如：

i(i % 2) == 0;

等价于

(i & 1) == 0;

10.5 总 结

C 语言可以按照数据的每一位进行运算，称为位运算。只有整型数据或者字符型数据才能进行位运算，实型数据不能进行位运算。

C 语言的位运算符有如下六种：

运算符	含　义	运算符	含　义
&	按位与	～	取反
|	按位或	<<	左移
^	按位异或	>>	右移

"按位与"(&)运算可以实现对指定的位清零，或者保留特定位而其他位清零；"按位或"(|)运算可以实现对指定的位置 1；"按位异或"(^)运算可以实现对指定的位翻转；左移运算符(<<)可以快速地实现乘以 2；右移运算符(>>)可以实现快速地除以 2。

位运算有很多实际的应用，如压缩/解压缩技术、文件或者视频的压缩技术，都是采用位运算；IP 地址和子网掩码就是位运算在网络中的应用。

学习位运算的一个难点在于，数据在内存中是如何存储的，每一位是 0 还是 1，只要弄明白了这点，位运算就好理解了。

10.6　习　　题

一、选择题

1. 以下运算符中优先级最低的是(　　)，优先级最高的是(　　)。

  A．&&   B．&   C．|| D．|

2. 表达式 0x13&0x17 的值是(　　)。

  A．0x17   B．0x13   C．0xf8   D．0xec

3. 若 x=2，y=3，则 x&y 的结果是(　　)。

  A．0   B．2   C．3   D．5

4. 表达式 0x13|0x17 的值是(　　)。

  A．0x17   B．0x13   C．0xf8   D．0xec

5. 设有 int a=4, b; 语句，则执行 b=a<<2; 语句后，b 的结果是(　　)。

  A．4   B．8   C．16   D．32

6. 若有运算符<<、sizeof、^、&=，则它们按优先级由高到低的正确排列次序是(　　)。

  A．sizeof、&=、<<、^   B．sizeof、<<、^、&=

  C．^、<<、sizeof、&=   D．<<、^、&=、sizeof

7. 设有以下语句，则 c 的二进制数是(　　)，十进制数是(　　)。

  char a=3，b=6，c;

  c=a^b<<2;

  A．00011011   B．00010100   C．00011100   D．00011000

  E．27   F．20   G．28   H．24

8. 以下叙述中不正确的是(　　)。

    A. 表达式 a&=b 等价于 a=a&b   B. 表达式 a|=b 等价于 a=a|b

    C. 表达式 a!=b 等价于 a=a!b   D. 表达式 a^=b 等价于 a=a^b

9. 以下运算符中，优先级最高的是(   )。

    A. ~   B. | C. &&   D. %

10. 在位运算中，运算量每右移一位，其结果相当于(   )。

    A. 乘以 2   B. 除以 2

    C. 除以 4   D. 乘以 4

11. 表达式~0x13 的值是(   )。

    A. 0xFFEc   B. 0xFF71

    C. 0xFF68   D. 0xFF17

12. 有以下程序：

```
1    #include<stdio.h>
2    int main()
3    {
4        unsigned char a,b,c;
5        a=0x3;
6        b=a|0x8;
7        c=b<<1;
8        printf("%d%d\n",b,c );
9        return 0;
10   }
11
```

程序运行后的输出结果是(   )。

    A. −11，12   B. −6，−13   C. 12，24   D. 11，22

13. 以下程序运行后的输出结果是(   )。

```
1    #include<stdio.h>
2    int main()
3    {
4        char x=040;
5        printf("%o\n", x<<1 );
6        return 0;
7    }
8
```

    A. 100   B. 80   C. 64   D. 32

14. 整型变量 x 和 y 的值相等且均为非 0 值，则以下选项中，结果为 0 的表达式是(   )。

    A. x || y   B. x | y   C. x & y   D. x ^ y

15. 设 char 型变量 x 的值为 10100111，则表达式(2+x)^(~3)的值是(   )。

    A. 10101001   B. 10101000   C. 11111101   D. 01010101

二、填空题

1. 位运算是对运算量的_____进行运算。

2. 位运算符只对_____和_____数据类型有效。

3. 将下列位运算符正确连线：

~	按位异或
<<	按位与
&	按位取反
^	左移位

4. 在 6 个位运算符中，只有_____是需要一个运算量的运算符。

5. 按位异或的运算规则是_____。

6. 在 C 语言中，位运算符有____、_____、_____、____、>>、<<，共 6 个。

7. 设二进制数 a 是 00101101，若想通过异或运算 a^b 使 a 的高 4 位取反，低 4 位不变，则二进制数 b 应是_____。

8. 设有整数 a 和 b，若要通过 a&b 运算屏蔽掉 a 中的其他位，只保留第 2、8 位，则 b 的八进制数是_____。

9. 如果想使一个数 a 的低 4 位全改为 1，需要 a 与_____进行按位或运算。

三、编程题

1. 设计一个函数，当给出一个数的原码时，能得到该数的补码。

2. 取一个整数最高端的 3 个二进制位。

3. 取一个整数 a 从右端开始的 4~7 位。

附录 A   二进制数及其他

A.1   引   言

随着电器的应用越来越广泛，人们对于电器的要求也越来越高，不仅要功能强大，还要智能化、使用简单，这使得数字电子技术的发展如火如荼，原先很多采用模拟电路的场合都被数字电路所取代，特别是信号处理方面，随着计算机科学与技术的飞速发展，其优势也更加突出。信号处理的一般方法是先将模拟信号按比例转换成数字信号，然后送到数字电路进行处理，最后再将处理结果根据需要转换为相应的模拟信号输出。从一般的模拟信号到数字信号，要经过采样、量化、编码，最终一个连续的模拟信号波形就变成了一串离散的、只有高低电平之分"0 1 0 1…"变化的数字信号。自然界来的，或者通过传感器转化的主要是模拟信号，那么为什么要把它们变为数字信号呢？原因有以下几点：

(1) 模拟信号有无穷多种可能的波形，而数字信号只有两种波形(高电平和低电平)，这就为信号的接收与处理提供了方便，即数字信号易于传输，抗干扰能力强。

(2) 模拟信号极容易受到干扰，模拟器件难以保证高的精度(如放大器有饱和失真、截止失真、交越失真，集成电路难免有零点漂移)；而数字电路中有限的波形种类保证了它具有极强的抗干扰性，受扰动的波形只要不超过一定门限总能够通过一些整形电路(如斯密特门)恢复出来，从而保证了极高的准确性和可信性，而且基于门电路、集成芯片所组成的数字电路也简单可靠、维护调度方便，很适合于信息的处理。

A.2   0 和 1

A.2.1   二进制数的来历

日常生活中的数采用的是十进制数，例如，今年是 2014 年，班上有 45 个人，买一条裤子花费 368 元，等等。2014、45、368 这些数字给我们提供了两个信息：数码和数位。2014 由三个数码 0、1、4 构成，45 由两个数码 4、5 构成，368 由三个数码 3、6、8 构成，而且这些数码的位置不一样，那么它们所代表的大小也不一样，如图 A-1 所示。

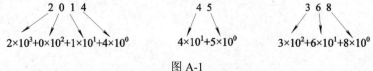

$$2 \times 10^3 + 0 \times 10^2 + 1 \times 10^1 + 4 \times 10^0 \qquad 4 \times 10^1 + 5 \times 10^0 \qquad 3 \times 10^2 + 6 \times 10^1 + 8 \times 10^0$$

图 A-1

图 A-1 中的 10 是基数，而 10^3、10^2、10^1、10^0(即 1000、100、10、1)是权。所谓的权，就是在这个数中占的比重大小。也就是说 2014 中的"2"代表了 2 个"千"，45 中的"4"

代表了 4 个"十"，而 368 中的"8"代表了 8 个"一"；而且同一个数码放在不同的位置上就代表了不同数值，如 555 中，三个 5 的权分别为 100、10、1，那么第一个 5 代表的数值就是 5 × 100，第二个 5 代表的数值是 5 × 10，第三个 5 代表的数值是 5 × 1。

总结一下，十进制采用了 0、1、2、3、4、5、6、7、8、9 共 10 个数码，基数是 10，进行运算时，采用逢十进一。

这是我们现实生活中需要用到的十进制的一些情况，如果在数字电路中也采用这种计数方法则有点困难。电路中传输的是电压和电流，我们要用 10 种不同的状态来表示这 10 个数码。例如，电压范围为 0～5 V，那么可以用表 A-1 的形式来表示 0～9 这 10 个数值。

表 A-1　电压和数码之间的对应关系

电压/V	十进制数码	电压/V	十进制数码
0	0	2.5	5
0.5	1	3	6
1	2	3.5	7
1.5	3	4	8
2	4	4.5	9

接下来就是要制造一个能够精确实现 0 V、0.5 V、1 V、1.5 V、…、4.5 V 等各种电平的基本电路，但这一件是非常困难的事情。两个相邻的电平只有 0.5 V，电路受到干扰，电平偏移 0.5 V，那么就变成另外一个数据了，而要保证电平完全没有漂移是不可能的，所以，十进制数在电路中很难直接实现。即使勉强实现了，数据传输时也可能遇到更大的数据准确性问题。因为电平在经过导线传输时会发生变化，相邻的两个电平很容易混淆。这种十进制数在数字电路中基本无法直接实现。

戈特弗里德·威廉·凡·莱布尼茨(Gottfried Wilhelm von Leibniz, 1646 年 7 月 1 日—1716 年 11 月 14 日)在 18 世纪初提出的二进制帮助人们解决了上述问题。虽然莱布尼茨受中国的易经八卦启发而发明的二进制数最初不是用来设计电路的，因为那个时候人们才开始研究电的现象，电灯、电池等都还没有出现。然而，20 世纪初人们制造出二极管、三极管、集成电路等的时候，却将二进制用于电路的设计。

二进制数因为只有两个数 0 和 1，状态也只有两种，在电路中实现起来就方便得多，只要一个高电平和低电平就可以，甚至说有电流和无电流、有电荷和无电荷都可以表示，这样电路的实现非常简单，而且这种电路也不容易受到干扰。还是以上面 0～5 V 的一个电平为例来说明，如图 A-2 所示。

从图 A-2 中看到，我们可以认为 0～1 V 都是低电平，2.4～5 V 都是高电平。若假设低电平代表 0，高电平代表 1，就实现了二进制数。这个电路简单，而且易于实现，电平允许有一定的漂移，提高了抗干扰能力和数据传输可靠性。

在数字电路中，若以高电平代表 1，低电平代表 0，则称为正逻辑系统(见图 A-2(a))；反之，以高电平代表 0，低电平代表 1，则称为负逻辑系

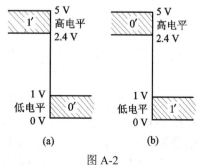

图 A-2

统(见图 A-2(b))。一般来说，我们采用正逻辑系统。

A.2.2　二进制数与十进制数

借助于十进制数的思路，二进制数有两个数码：0 和 1，基数是 2，运算时是逢二进一。比如二进制数 10110(注意，读这个数据的时候只需要把每一位数据读出来就可以了，千万不要采用十进制数的读法。即这个数读作：一零一一零，而不是一万零一百一十)。对于这个数，我们知道它的每一位都有权，而且权是 2 的幂，即 $10110 = 1 \times 2^4 + 0 \times 2^3 + 1 \times 2^2 + 1 \times 2^1 + 0 \times 2^0$。若把这些数字相加计算出数值，则发现它是一个十进制数 22，这样就可以把二进制数转换为十进制数。

十进制数转换为二进制数时，整数部分和小数部分分别进行转换，整数部分采用除 2 取余法，小数部分采用乘 2 取整法，然后列竖式来求解。一般来说，我们可以采用"8421"法来快速地求解 255 以内的数据。这个方法就是利用权，一个 4 位二进制数，它的每一位权恰好是 8421。图 A-3 列出了 8 位二进制数的权。

128	64	32	16	8	4	2	1
D7	D6	D5	D4	D3	D2	D1	D0

图 A-3

以二进制数转换为十进制数为例，将 10110 每一位的权都标出来，如图 A-4 所示。

16	8	4	2	1
1	0	1	1	0

图 A-4

只需将数值为 1 的位的权相加就可以得到对应的十进制数，即 $16 + 4 + 2 = 22$。

再如，将十进制数 55 转换为二进制数。开始运算之前先把图 A-3 画在草稿纸上，然后开始填 1，首先，55 在 64 和 32 之间，所以 64 处不能是 1，在 32 处写 1，这个 1 的权是 32，那么还剩余 $55 - 32 = 23$，比 16 大，于是在 16 的位置上写 1，这时还剩余 $23 - 16 = 7$，就可以在 4、2 和 1 的位置上分别写一个 1，$32 + 16 + 4 + 2 + 1$ 恰好等于 55，所以在其他位置上写 0，最后把这个数写出来 110111，就得到了转换后的二进制数。整个过程如图 A-5 所示。

	64	32	16	8	4	2	1	
第一步		1						从高位开始，32 处写 1，则剩余 55−32=23
第二步		1	1					16 处写 1，则剩余 23−16=7
第三步		1	1		1	1	1	在 4、2、1 处写 1。因为 7=4+2+1
第四步		1	1	0	1	1	1	在空闲处写 0 便得到结果 110111

图 A-5

采用这种方法可以快速实现二进制数和十进制数的相互转换。需说明的是，我们只需要练习十进制数 255 以内的十进制数和二进制数之间的相互转换就可以了，太大的数据交给计算器来运算。相对于二进制数来说，我们只要能将 8 位以内的二进制数转换为十进制数即可，8 位以上的数由计算器来进行转换。

在现实生活中，对于十进制数，我们会自动根据数据的大小调整数位，如 15 有两位有效数字，一般写为 15，而不会写为 00015。在数字前加 0 不能改变其大小，通常是省略前面的 0。但在数字电路中情况则不同，如一个电路能表示 8 位二进制数，电路包括 8 个基本元件，每个基本元件存储一位二进制数，那么任何一个数都是由这 8 个基本元件作为一个整体来表示的，这样就会出现多余的 0，如表示十进制数 30，就是 00011110。这时前面的 0 不能省略，因为最高位的 3 个元件依然存储了数据 0。在数字电路以及单片机中，一般二进制数据的位数都是固定的，并且这些数据前的 0 一定不能省略。

针对单片机中二进制位数固定这一特点，这里引入几个名词：位(bit)、字节(Byte)、字(Word)。其中位就是二进制位，1 位就是一个二进制位，称为 1 比特，简写为 1 bit，1 字节代表 8 个二进制位，1 Byte = 8 bit，1 字代表 2 个字节，1 Word = 2 Byte。Byte 可以简写作 B，它们之间的换算关系如下：

$$1\text{ B} = 8\text{ bit}, \quad 1\text{ Word} = 2\text{ B} = 16\text{ bit}$$

随着计算机技术的发展，数据越来越多，还有 KB、MB、GB、TB 几个单位，其关系如下：

$$1\text{ KB} = 1024\text{ B} = 2^{10}\text{ B}, \quad 1\text{ MB} = 1024\text{ KB} = 2^{20}\text{ B}$$
$$1\text{ GB} = 1024\text{ MB} = 2^{30}\text{ B}, \quad 1\text{ TB} = 1024\text{ GB} = 2^{40}\text{ B}$$

A.2.3　十六进制数

十六进制数有十六个数码：0、1、2、3、4、5、6、7、8、9、A、B、C、D、E、F，基数是 16，运算时逢十六进一。十六进制数和二进制数的相互转换非常简单，4 位二进制数对应一位十六进制数，这样就可以把冗长的二进制数转换为十六进制数，方便读写。

二进制数和十六进制数的转换规则如下：

二进制数转换为十六进制数：4 位一组，分别转换；

十六进制数转换为二进制数：1 位转换为 4 位，原序排列。

二进制数和十六进制数的对应关系如表 A-2 所示。

表 A-2　十进制数、二进制数、十六进制数的对应关系

十进制数	二进制数	十六进制数	十进制数	二进制数	十六进制数	十进制数	二进制数	十六进制数
0	0000	0	6	0110	6	12	1100	C
1	0001	1	7	0111	7	13	1101	D
2	0010	2	8	1000	8	14	1110	E
3	0011	3	9	1001	9	15	1111	F
4	0100	4	10	1010	A			
5	0101	5	11	1011	B			

例 1　将二进制数 10110110 转换为十六进制数。

对二进制数进行分组，即

$$1011 \qquad 0110$$
$$\text{B} \qquad\quad 6$$

则二进制数 10110110 转换为十六进制数就是 B6。

例 2　将二进制数 1110110001110010 转换为十六进制数。

对二进制数进行分组，即

$$1110 \quad 1100 \quad 0111 \quad 0010$$
$$E \qquad C \qquad 7 \qquad 2$$

则转换的结果为十六进制数 EC72。

若将十六进制数转换为二进制数，则反过来，直接一位变为 4 位即可。例如把十六进制数 A157 转换为二进制数，则

$$A \qquad 1 \qquad 5 \qquad 7$$
$$1010 \quad 0001 \quad 0101 \quad 0111$$

转换后的结果就是 1010000101010111。

正因为十六进制数和二进制数的相互转换不需要进行计算，只需进行简单的替换，所以我们在很多场合下经常用十六进制数来代替二进制数。在学习单片机课程的时候，经常遇到十六进制数，所以必须掌握十六进制数和二进制数的相互转换。

在表 A-2 中，二进制、十进制、十六进制数据有重合的部分，那么如何知道数据是哪种进制的呢？对于任何一个数据，必须说明它是什么进制的数据才有意义，否则就不知道它的真实大小。通常采用的方法是在数字的末尾加一个字母。

二进制的英文单词是 Binary，十进制的英文单词是 Decimal，十六进制的英文单词是 Hexadecimal，所以我们就在二进制数后面加字母 B，在十进制数后面加字母 D，在十六进制数后面加字母 H，这样就可以区分这三种进制的数据了，如 1010B、145D、562H 等。因为现实生活中使用最多的是十进制数，所以十进制数后的字母 D 可以省略，直接写为 145，但二进制数和十六进制数后的字母不能省略。

A.2.4　负号的解决之道

在数学运算中，为了表示一个数的正负，我们在数据的前面加上一个正号或者负号 (+/−)，但是在计算机中，这个正负号的表示就有点问题了，计算机中只能使用 0 和 1，无法使用 + 和 −，解决的方法是用 0 和 1 来表示正负号。正常的情况下，我们用 0 来表示正号，1 来表示负号，于是一个数值就由两部分构成：符号位和数值位。符号位用 0 和 1 来表示正负，数值位表示大小。计算机中的数值有很多，为了防止符号位和数值位不对应，一般把符号位和数值位作为一个整体来处理。对于一个字节的数值把最高位作为符号位，其他的 7 位作为数值位，如图 A-6 所示。

通过这种方法就可以用二进制数来表示负数，如：

$$+10 = 00001010B,\ -10 = 10001010B$$

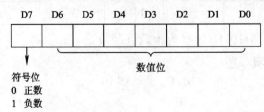

图 A-6

下面计算 +10 +(−10)的结果。在计算机中，+10 和 −10 已经被转化为二进制数了，这

里直接列竖式相加就可以，即

$$
\begin{array}{r}
00001010 \\
+\quad 10001010 \\
\hline
10010100
\end{array}
$$

为什么结果不是0？错误出在哪里呢？大家思考一下数学中对于两个数据相加的步骤：首先是比较两个数的符号，如果符号相同，那么两个数值相加，符号不变；而如果两个数值符号不同，则比较一下哪个数值大，用数值较大的减去数值较小的，符号用数值较大的符号。也就是说，数学上的数值计算是分情况的，而在上面的式子中，符号也参与运算了，并没有比较两个数的数值大小。

计算机中对负数的存储采用补码的方式，以方便运算。学习补码的时候涉及到以下几个概念：原码、反码、补码。

(1) 原码：最高位表示符号，其他位表示数值，这种表示方法就是原码。如：

$$[+10]_{原} = 00001010B, \quad [-10]_{原} = 10001010B$$

(2) 反码：对于正数，反码和原码一样；对于负数，反码就是把原码符号不变，数值位取反。如：

$$[+10]_{反} = 00001010B, \quad [-10]_{反} = 11110101B$$

(3) 补码：对于正数，补码和原码一样；对于负数，补码就是把反码加1。如：

$$[+10]_{补} = 00001010B, \quad [-10]_{补} = 11110110B$$

总结可知，对于正数，$[X]_{补} = [X]_{原}$；对于负数，$[X]_{补} = [X]_{反}+1$。

这样，使用补码进行运算时，就可以得到正确的结果，即

$$
\begin{array}{r}
[+10]_{补} = 00001010B \\
+\quad [-10]_{补} = 11110110B \\
\hline
1\ 0000\ 0000B
\end{array}
$$

最后得到的结果是0，但是最前面为什么有个1呢？在计算机中，所有的数据位数是固定的，这里举例的是8 bit的数据计算，那么得到结果后也只能保存8位，上面的结果一共有8个0，计算机只能保存8个0，最前面的1是不算在结果里的，所以，得到的结果就是正确的。

补码的运算中还有一个溢出的问题，在用补码计算−98+(−50)时，会发现得到了一个最高位是0的八位数，也就是说，变成了一个正数。这说明结果超出了数据范围，产生了溢出。关于溢出，大家可以自己查阅相关资料。

A.3　万物归于阴阳

《易传》记录："易有太极，始生两仪。两仪生四象，四象生八卦。"这里所说的两仪，就是阴和阳。这里所说的卦，是宇宙间的现象，是我们肉眼可以看见的现象，宇宙间共有八个基本的大现象，而宇宙间的万有、万事、万物，皆依这八个现象而变化，这就是八卦法则的起源，而八卦的来源就是阴阳。我国古代人们发明的太极八卦用阴、阳能够代表世间万物，而由0和1组成的二进制数不仅仅是几个数字，还可以表示现实生活中的图形、图像、声音、文字、色彩等，当然也可以在计算机中处理和显示出来。

　　那么，单纯的 0 和 1 如何表示世间的万物呢？这里要讲到一个词：代码。代码，从字面意思来看，就是代替的码字，即我们找一组二进制数来代替，代替谁呢？代替世间的万物。我们就是生活在一个代码的世界里，如我们的名字就是一个代码，用汉字给每个人一个代码，代表一个个体。在学校里，每个学生都有一个学号，而这个学号就是一个代码，用一组十进制数来代表一个学生。甚至我们所说的课桌、操场等名词都是代码，用汉字来代表某个物体或者某种意义。代码方便了我们的沟通和交流。以我们的名字为例。如果一个人叫"张三"，那么我们有事情要找他，就喊"张三"，叫张三的人就答应了，于是你可以跟他进行交流。合同上要双方签字，也就是签的名字，其他人看到这个签字，就知道这个合同是经过双方本人认可了的，因为名字就代表了其本人。

　　代码有任意性，就是我们可以用任何东西来代表某个含义，如汉字里的"桌子"和英语里的"desk"都是代表了同一种东西。虽然代码有随意性，但是我们一般不会随意编写代码，而是采用某种规律，因为有规律的代码会使我们的维护更加方便。

　　编写代码的过程叫作编码，也称代码为编码。我们可以用 0 和 1 的二进制数按照某种规律排列起来代表任何一个事物，下面介绍几种常用的代码。

A.3.1　二-十进制代码

　　二-十进制代码是指用二进制数对十进制数编写代码，也就是说用 0 和 1 给十进制数的10 个数码 0~9 进行编码，也称为 BCD 码。表 A-3 列举了 1~4 位二进制数所能进行的编码个数。从中我们可以知道，BCD 码最少需要 4 位二进制数来进行编码。

表 A-3　1~4 位二进制数所能进行的编码个数

位数	1 位二进制数	2 位二进制数	3 位二进制数	4 位二进制数
代码	0 1	00 01 10 11	000 001 010 011 100 101 110 111	0000 0001 0010 0011 0100 0101 0110 0111 1000 1001 1010 1011 1100 1101 1110 1111
代码数目	$2(2^1)$	$4(2^2)$	$8(2^3)$	$16(2^4)$

从表 A-3 中可以看到，如果有 N 位二进制数，那么代码的数量就是 2^N，这里有 0～9 共计 10 个数，4 位二进制数有 16 个代码，BCD 码只使用了其中的 10 个，另外 6 个为无效码。

代码的编写具有随意性，也就是说可以随意编写自己的代码。如果有 16 个代码，给 10 个数进行编码，就是从 16 个数里面取出 10 个数进行全排列，计算的结果大约有 10 亿种。这 10 亿种方案都是二-十进制代码，不过我们不可能用那么多，代码的编写虽然有随意性，但我们编码不是自己一个人用的，还需要和别人交流，必须编写一个有规律和通用性的代码。最常用的就是 8421BCD 码，这种编码的每一位都有一个权值，恰好与自然二进制数的前 10 个数据相同，即用 0000(0)～1001(9) 来表示十进制数的 0～9，从高位到低位的权值分别是 8、4、2、1，所以称为 8421BCD 码。在 8421BCD 码中，每组二进制数的各位按照加权系数展开便是它所对应的十进制数。如 8421BCD 码的 0110 按权展开为

$$0110 = 0 \times 8 + 1 \times 4 + 1 \times 2 + 0 \times 1 = 6$$

所以 8421BCD 码 0110 表示十进制数 6。这里一定要注意代码和我们前面讲的十进制数转换为二进制数相区别。对于同一个数，两种运算结果是不一样的，例如十进制数 12，如果转换为对应的二进制数，那么结果是 1100，而如果转换为 8421BCD 码，那么结果为 00010010，也就是说，8421BCD 码就是严格按照一位十进制数对应着 4 位二进制数来写的，2 位十进制数，必然对应着 8 位二进制数，它们之间只有在进行 8421BCD 码编写时存在对应关系，12 和 00010010 没有数值大小上的任何关系。BCD 码还有 5421 码、余 3 码等。

A.3.2　ASCII 码

ASCII 码(美国标准信息交换码)适用于所有的拉丁文字母，被国际标准化组织(ISO)批准为国际标准，称为 ISO646 标准。我国相应的国家标准是 GB 1988—80(即《信息处理交换用的七位编码字符集》)。这里的 GB 读作"guobiao"(国标)而不是两个英文字母"G""B"。ASCII 码规定了信息交换用的 128 个字符，每个字符用 b7b6b5b4b3b2b1 七位来标识，通常最高位用 0 表示，使用 7 位二进制数来表示所有的大写和小写字母，数字 0～9，标点符号，以及在美式英语中使用的特殊控制字符。表 A-4 是 7 位的 ASCII 码表。

查看表 A-4，我们可以看到字母"A"的 ASCII 码为 1000001B，最高位为 0，即 01000001B (41H，十进制数是 65)。

A.3.3　汉字编码

GB 2312 是一个简体中文字符集的中国国家标准，全称为《信息交换用汉字编码字符集基本集》，由中国国家标准总局发布，1981 年 5 月 1 日实施。GB 2312 编码通行于中国大陆；新加坡等地也采用此编码。中国大陆几乎所有的中文系统和国际化的软件都支持 GB 2312。GB 2312 标准共收录 6763 个汉字，其中一级汉字 3755 个，二级汉字 3008 个；同时，GB 2312 收录了包括拉丁字母、希腊字母、日文平假名及片假名字母、俄语西里尔字母在内的 682 个全角字符。GB 2312 的出现，基本满足了汉字的计算机处理需要，它所收录的汉字已经覆盖中国大陆 99.75% 的使用频率。对于人名、古汉语等方面出现的罕用字，GB 2312 不能处理，这促使了后来 GBK 及 GB18030 汉字字符集的出现。GB 2312 中对所

收汉字进行了"分区"处理，每区含有 94 个汉字/符号，这种表示方式也称为区位码。

01～09 区为特殊符号。

16～55 区为一级汉字，按拼音排序。

56～87 区为二级汉字，按部首/笔画排序。

10～15 区及 88～94 区则未有编码。

举例来说，"啊"字是 GB 2312 中的第一个汉字，它的区位码就是 1601。

从信息处理的角度来看，汉字处理也是非数值处理，和英文字母一样，需进行编码才能被计算机处理。同样地，今天我们在计算机中所看到的每一样内容，包括图片、声音、视频等都需要编码，也只有进行了编码，才能在计算机中进行处理。计算机不仅处理数值数据，还要处理大量的非数值数据，而实际上处理非数值数据要多得多。关于图片、声音、视频等的编码请查阅相关的专业书籍。

表 A-4　7 位的 ASCII 码表

列	0	1	2	3	4	5	6	7
行	位654 3210	000	001	010	011	100	101	110	111
0	0000	NUL	DLE	SP	0	@	P	、	p
1	0001	SOH	DC1	!	1	A	Q	a	q
2	0010	STX	DC2	"	2	B	R	b	r
3	0011	ETX	DC3	#	3	C	S	c	s
4	0100	EOT	DC4	$	4	D	T	d	t
5	0101	ENQ	NAK	%	5	E	U	e	u
6	0110	ACK	SYN	&	6	F	V	f	v
7	0111	BEL	ETB	'	7	G	W	g	w
8	1000	BS	CAN	(	8	H	X	h	x
9	1001	HT	EM	)	9	I	Y	i	y
A	1010	LF	SUB	*	:	J	Z	j	z
B	1011	VT	ESC	+	;	K	[	k	{
C	1100	FF	FS	,	<	L	\	l	|
D	1101	CR	GS	-	=	M	]	m	}
E	1110	SO	RS	·	>	N	↑	n	~
F	1111	SI	US	/	?	O	←	o	DEL

附录 B ASCII 码表

ASCII 值	控制字符	ASCII 值	控制字符	ASCII 值	控制字符	ASCII 值	控制字符	ASCII 值	控制字符
0	NUL	26	SUB	52	4	78	N	104	h
1	SOH	27	ESC	53	5	79	O	105	i
2	STX	28	FS	54	6	80	P	106	j
3	ETX	29	GS	55	7	81	Q	107	k
4	EOY	30	RS	56	8	82	R	108	l
5	ENQ	31	US	57	9	83	X	109	m
6	ACK	32	(space)	58	:	84	T	110	n
7	BEL	33	!	59	;	85	U	111	o
8	BS	34	"	60	<	86	V	112	p
9	HT	35	#	61	=	87	W	113	q
10	LF	36	$	62	>	88	X	114	r
11	VT	37	%	63	?	89	Y	115	s
12	FF	38	&	64	@	90	Z	116	t
13	CR	39	,	65	A	91	[	117	u
14	SO	40	(	66	B	92	/	118	v
15	SI	41	)	67	C	93	]	119	w
16	DLE	42	*	68	D	94	^	120	x
17	DCI	43	+	69	E	95	—	121	y
18	DC2	44	,	70	F	96	、	122	z
19	DC3	45	-	71	G	97	a	123	{
20	DC4	46	.	72	H	98	b	124	|
21	NAK	47	/	73	I	99	c	125	}
22	SYN	48	0	74	J	100	d	126	~
23	ETB	49	1	75	K	101	e	127	DEL
24	CAN	50	2	76	L	102	f		
25	EM	51	3	77	M	103	g		

NUL：空　　　　　SOH：标题开始　　　STX：正文开始　　ETX：正文结束　　EOY：传输结束

ENQ：询问字符　　ACK：承认　　　　　BEL：报警　　　　BS：退一格　　　　HT：横向列表

LF：换行　　　　　VT：垂直制表　　　FF：走纸控制　　　CR：回车　　　　　SO：移位输出

SI：移位输入　　　DLE：空格　　　　　DC1：设备控制 1　DC2：设备控制 2　DC3：设备控制 3

DC4：设备控制 4　NAK：否定　　　　　SYN：空转同步　　ETB：信息组传送结束　CAN：作废

EM：纸尽　　　　　SUB：换置　　　　　ESC：换码　　　　FS：文字分隔符　　GS：组分隔符

RS：记录分隔符　　US：单元分隔符　　DEL：删除

附录 C 运算符的优先级和结合性

优先级	运算符	名称或含义	结合方向	说　明
1	[]	数组下标	左到右	
	()	圆括号		
	.	成员选择(对象)		
	->	成员选择(指针)		
2	-	负号运算符	右到左	单目运算符
	(类型)	强制类型转换		
	++	自增运算符		单目运算符
	--	自减运算符		单目运算符
	*	取值运算符		单目运算符
	&	取地址运算符		单目运算符
	!	逻辑非运算符		单目运算符
	~	按位取反运算符		单目运算符
	sizeof	长度运算符		
3	/	除	左到右	双目运算符
	*	乘		双目运算符
	%	余数（取模）		双目运算符
4	+	加	左到右	双目运算符
	-	减		双目运算符
5	<<	左移	左到右	双目运算符
	>>	右移		双目运算符
6	>	大于	左到右	双目运算符
	>=	大于等于		双目运算符
	<	小于		双目运算符
	<=	小于等于		双目运算符
7	==	等于	左到右	双目运算符
	!=	不等于		双目运算符
8	&	按位与	左到右	双目运算符
9	^	按位异或	左到右	双目运算符
10	|	按位或	左到右	双目运算符

续表

优先级	运算符	名称或含义	结合方向	说　明
11	&&	逻辑与	左到右	双目运算符
12	||	逻辑或	左到右	双目运算符
13	?:	条件运算符	右到左	三目运算符
14	=	赋值运算符	右到左	
	/=	除后赋值		
	*=	乘后赋值		
	%=	取模后赋值		
	+=	加后赋值		
	-=	减后赋值		
	<<=	左移后赋值		
	>>=	右移后赋值		
	&=	按位与后赋值		
	^=	按位异或后赋值		
	|=	按位或后赋值		
15	,	逗号运算符	左到右	从左向右顺序运算

说明：表中的单目运算符指的是该运算只需要一个变量，而双目运算符则指运算需要两个变量。

附录 D　常用库函数

<math.h>　数学函数

在<math.h>中定义了一些数学函数和宏，用来实现不同种类的数学运算。要使用这些函数，必须在源程序开头包含<math.h>，#include<math.h>，如表 D-1 所示。

表 D-1　<math.h>函数

函 数 声 明	函 数 功 能
double exp(double x);	指数运算函数，求 e 的 x 次幂函数
double log(double x)	对数函数 ln(x)
double log10(double x);	对数函数 log
double pow(double x,double y);	指数函数(x 的 y 次方)
double sqrt(double x);	计算平方根函数
double ceil(double x);	向上舍入函数
double floor(double x);	向下舍入函数
double fabs(double x);	求浮点数的绝对值
double sin(double x);	计算 x 的正弦值函数
double cos(double x);	计算 x 的余弦值函数
double tan(double x);	计算 x 的正切值函数
double asin(double x);	计算 x 的反正弦函数
double acos(double x);	计算 x 的反余弦函数
double atan(double x);	反正切函数 1
double atan2(double y,double x);	反正切函数 2
double sinh(double x);	计算 x 的双曲正弦值
double cosh(double x);	计算 x 的双曲余弦值
double tanh(double x);	计算 x 的双曲正切值

在标准库中，还有一些与数学计算有关的函数定义在其他头文件中。

<stdio.h>　输入输出函数

在头文件<stdio.h>中定义了输入输出函数、类型和宏。这些函数、类型和宏几乎占到标准库的 1/3。要使用这些函数，必须在源程序开头包含<stdio.h>，#include<stdio.h>，如表 D-2 所示。

表 D-2 <stdio.h>函数

函 数 声 明	函 数 功 能
FILE *fopen(char *filename, char *type)	打开一个文件
FILE *fropen(char *filename, char *type,FILE *fp)	打开一个文件，并将该文件关联到 fp 指定的流
int fflush(FILE *stream)	清除一个流
int fclose(FILE *stream)	关闭一个文件
int remove(char *filename)	删除一个文件
int rename(char *oldname,char *newname)	重命名文件
FILE *tmpfile(void)	以二进制方式打开暂存文件
char *tmpnam(char *sptr)	创建一个唯一的文件名
int setvbuf(FILE *stream,char *buf,int type,unsigned size)	把缓冲区与流相关
int printf(char *format...)	产生格式化输出函数
int fprintf(FILE *stream,char *format[,argument,...])	传送格式化输出到一个流中
int scanf(char *format[,argument,...])	执行格式化输入
int fscanf(FILE *stream, char *format[argument...])	从一个流中执行格式化输入
int fgetc(FILE *stream)	从流中读取字符
char *fgets(char *string,int n,FILE *stream)	从流中读取一字符串
int fputc(int ch,FILE *stream)	送一个字符到一个流中
int fputs(char *string,FILE *stream)	送一个字符到一个流中
int getc(FILE *stream)	从流中取字符
int getchar(void)	从 stdin 流中读字符
char *gets(char *string)	从流中取一字符串
int putchar(int ch)	在 stdout 上输出字符
int puts(char *string)	送一字符串到流中
int ungetc(char c,FILE *stream)	把一个字符退回到输入流中
int fread(void *ptr,int size,int nitems,FILE *stream)	从一个流中读数据
int fwrite(void *ptr,int size,int nitems, FILE *stream)	写内容到流中
int fseek(FILE *stream,long offset,int fromwhere)	重定位流上的文件指针
long ftell(FILE *stream)	返回当前文件指针
int rewind(FILE *stream)	将文件指针重新指向一个流的开头
int fgetpos(FILE *stream)	取得当前文件的句柄
int fsetpos(FILE *stream,const fpos_t *pos)	定位流上的文件指针
void clearerr(FILE *stream)	复位错误标志
int feof(FILE *stream)	检测流上的文件结束符
int ferror(FILE *stream)	检测流上的错误
void perror(char *string)	系统错误信息

在头文件<stdio.h>中还定义了一些类型和宏。

<stdlib.h> 实用函数

在头文件<stdlib.h>中声明了一些实现数值转换、内存分配等类似功能的函数。要使用这些函数，必须在源程序开头包含<stdlib.h>，#include<stdlib.h>，如表 D-3 所示。

表 D-3　<stdlib.h>函数

函 数 声 明	函 数 功 能
double atof(const char *s)	将字符串 s 转换为 double 类型
int atoi(const char *s)	将字符串 s 转换为 int 类型
long atol(const char *s)	将字符串 s 转换为 long 类型
double strtod (const char*s,char **endp)	将字符串 s 前缀转换为 double 型
long strtol(const char*s,char **endp,int base)	将字符串 s 前缀转换为 long 型
unsinged long strtol(const char*s,char **endp,int base)	将字符串 s 前缀转换为 unsinged long 型
int rand(void)	产生一个 0～RAND_MAX 之间的伪随机数
void srand(unsigned int seed)	初始化随机数发生器
void *calloc(size_t nelem, size_t elsize)	分配主存储器
void *malloc(unsigned size)	内存分配函数
void *realloc(void *ptr, unsigned newsize)	重新分配主存
void free(void *ptr)	释放已分配的块
void abort(void)	异常终止一个进程
void exit(int status)	终止应用程序
int atexit(atexit_t func)	注册终止函数
char *getenv(char *envvar)	从环境中取字符串
void *bsearch(const void *key, const void *base, size_t *nelem, size_t width, int(*fcmp)(const void *, const *))	二分法搜索函数
void qsort(void *base, int nelem, int width, int (*fcmp)())	使用快速排序例程进行排序
int abs(int i)	求整数的绝对值
long labs(long n)	取长整型绝对值
div_t div(int number, int denom)	将两个整数相除，返回商和余数
ldiv_t ldiv(long lnumer, long ldenom)	两个长整型数相除，返回商和余数

<string.h> 字符串处理函数

头文件<string.h>列举了有关于字符串处理的函数。要使用这些函数，必须在源程序开头包含<string.h>，#include<string.h>，如表 D-4 所示。

表 D-4   <string.h>函数

函 数 声 明	函 数 功 能
void *memchr(void *s, char ch, unsigned n)	在数组的前 n 个字节中搜索字符 ch
void *memcmp(char *s1, char *s2, unsigned n)	比较 s1 所指向的字符串与 s2 所指向的字符串的前 n 个字符
void *memcpy(void *destin, void *source, unsigned n)	从 source 所指向的对象中复制 n 个字符到 destin 所指向的对象中
void *memmove(void *destin, void *source, unsigned n)	从 source 所指向的对象中复制 n 个字符到 destin 所指向的对象中
void *memset(void *s, int c, unsigned n)	把 c 复制到 s 所指向的对象的前 n 个字符的每一个字符中
char *strcat (char *dest,char *src);	将两个字符串连接合并成一个字符串
char *strchr(char *str, char c);	在字符串中查找给定字符的第一次匹配
int strcmp (char *str1,char * str2)	比较两个字符串的大小
char * strcpy (char *dest,char * src)	实现字符串的拷贝工作
int strcspn(char *str1, char *str2)	在字符串中查找第一个属于字符集的下标
char *strdup(char *str);	将字符串拷贝到新分配的空间位置
char *strerror(int errnum);	获取程序出现错误的字符串信息
int strlrn (char *str)	求字符串的长度
char *strlwr(char *str,)	将字符串原有大写字符全部转换为小写字符
char *strncat (char *dest, char *src, int n)	将一个字符串的子串连接到另一个字符串末端
int strncmp (char *str1,char * str2, int n)	比较两个字符串子串的大小
char * strncpy (char *dest,char * src, int n)	实现字符串子串的拷贝工作
char *strpbrk(char *str1, char *str2)	在字符串中查找第一个属于字符集的字符位置
char *strrchr(char *str, char c)	在字符串中查找给定字符的最后一次匹配
char *strrev(char *str)	将字符串进行倒转
char *strset(char *str, char c)	将字符串原有字符全部设定为指定字符
int strspn(char *str1, char *str2)	在字符串中查找第一个不属于字符集的下标
char *strstr(char *str1, char *str2);	在字符串中查找另一个字符串首次出现的位置

附录 E　C 语言关键字

ANSI C 标准 C 语言共有 32 个关键字，这些关键字如下：

auto	break	case	char	const	continue	default
do	double	else	enum	extern	float	for
goto	if	int	long	register	return	short
signed	sizeof	static	struct	switch	typedef	union
unsigned	void	volatile	while			

1999 年 12 月 16 日，ISO 推出了 C99 标准，该标准新增了 5 个 C 语言关键字：

Inline	restrict	_Bool	_Complex	_Imaginary

2011 年 12 月 8 日，ISO 发布 C 语言的新标准 C11，该标准新增了 1 个 C 语言关键字：

_Generic

附录 F　各章练习参考答案

项目 1　显示广告语

【练习 1-1】　在下面的空白处填写 C 语言语句，在屏幕上输出李宁运动服饰的广告词"一切皆有可能"。

```
1    /*===============================================
2    *程序名称：Lining.c
3    *功能：显示李宁运动服饰广告词"一切皆有可能"
4    *===============================================*/
5    include <stdio.h>
6    #include <stdlib.h>
7
8    int main()
9    {
10       printf("一切皆有可能！\n");
11       return 0;
12   }
13
```

【练习 1-2】　显示李白的诗《静夜思》。在下面空白的地方填写语句补充完成程序。

```
1    /*===============================================
2    *程序名称：yesi.c
3    *功能：按下面的格式显示
4        静夜思
5        李白
6        床前明月光，
7        疑是地上霜。
8        举头望明月，
9        低头思故乡。
10   *===============================================*/
11   #include <stdio.h>
```

12	#include <stdlib.h>
13	
14	int main()
15	{
16	printf("静夜思\n");
17	printf("李白\n");
18	printf("床前明月光，\n");
19	printf("疑是地上霜。\n");
20	printf("举头望明月，\n");
21	printf("低头思故乡。\n");
22	return 0;
23	}
24	

【练习 1-3】 根据上面的例题，编写程序显示心形图案。

```
    ☆☆☆      ☆☆☆
  ☆☆☆☆☆  ☆☆☆☆☆
  ☆☆☆☆☆☆☆☆☆☆☆
    ☆☆☆☆☆☆☆☆☆
      ☆☆☆☆☆☆☆
        ☆☆☆☆☆
          ☆☆☆
            ☆
```

1	#include <stdio.h>
2	#include <stdlib.h>
3	
4	int main()
5	{
6	printf(" ☆☆☆ ☆☆☆\n");
7	printf("☆☆☆☆☆ ☆☆☆☆☆\n");
8	printf("☆☆☆☆☆☆☆☆☆☆☆\n");
9	printf(" ☆☆☆☆☆☆☆☆☆\n");
10	printf(" ☆☆☆☆☆☆☆\n");
11	printf(" ☆☆☆☆☆\n");
12	printf(" ☆☆☆\n");
13	printf(" ☆\n");
14	return 0;
15	}
16	

项目 2 完成数据计算

【练习 2-1】 把小写字母转换为大写字母，补充完整程序。

c=ch-32;

【练习 2-2】 把一个四位数的每一位单独输出。在横线上填写合适的表达式。

6	qian=n/1000%10;
7	bai=n/100%10;
8	shi=n/10%10;
9	ge=n/1%10;

【练习 2-3】 从键盘输入 3 个数，求其总和。

8	printf("请输入第一个数：");
9	scanf("%d",&n1);
10	printf("请输入第二个数：");
11	scanf("%d",&n2);
12	printf("请输入第三个数：");
13	scanf("%d",&n3);
14	total=n1+n2+n3;

【练习 2-4】 输入两个浮点数，计算乘积。

8	printf("输入第一个浮点数: ");
9	scanf("%f",&firstNumber);
10	printf("输入第二个浮点数: ");
11	scanf("%f",&secondNumber);
12	
13	// 两个浮点数相乘
14	product=firstNumber*secondNumber;

项目 3 菜 单 设 计

【练习 3-1】 从键盘输入一个 1～7 数字，输出对应的星期几，如输入数字 1，输出"星期一"，输入数字 7，则输出"星期日"。

14	/*====在下面横线上写 if 语句=========*/

15	if(week==1)
16	printf("星期一\n");
17	else if(week==2)
18	printf("星期二\n");
19	else if(week==3)
20	printf("星期三\n");
21	else if(week==4)
22	printf("星期四\n");
23	else if(week==5)
24	printf("星期五\n");
25	else if(week==6)
26	printf("星期六\n");
27	else if(week==7)
28	printf("星期日\n");
29	else
30	printf("输入错误\n");
31	/*====if 语句结束==========*/

【练习 3-2】 从键盘输入一个 1～7 数字，输出对应的星期几，如输入数字 1，输出"星期一"，输入数字 7，则输出"星期日"。使用 switch 语句实现。

14	/*====在下面横线上写 switch 语句==========*/
15	switch(week)
16	{
17	case 1:printf("星期一\n");break;
18	case 2:printf("星期二\n");break;
19	case 3:printf("星期三\n");break;
20	case 4:printf("星期四\n");break;
21	case 5:printf("星期五\n");break;
22	case 6:printf("星期六\n");break;
23	case 7:printf("星期日\n");break;
24	default:printf("输入错误\n");break;
25	}
26	/*====switch 语句结束==========*/

项目 4　大量数据求和

【练习 4-1】 求 10 个数的平均值。在横线上填写求平均值的语句。

29	average = (double)total/Number;

【练习 4-2】 编程计算下列式子的数值。

(1) $1 + 2 + 3 + \cdots + 50$。

11	sum=__0__;
12	for(i=__1__;i<=__50__;__i++__)
13	{
14	sum+=i;
15	}

(2) $5 + 10 + 15 + \cdots + 100$。

11	sum=__0__;
12	for(i=__5__;i<=__100__;__i+=5__)
13	{
14	sum+=i;
15	}

(3) $1*2*3*\cdots*10$。

11	sum=__1__;
12	for(i=__1__;i<=__10__;__i++__)
13	{
14	sum*=i;
15	}

【练习 4-3】 下面的程序段中，m++; 语句一共执行了多少次？

答：m++; 语句一共执行了 24 次。

项目 5　成绩的计算

【练习 5-1】 若要将数据按照从大到小的顺序排序，应该怎么修改程序？在下面程序的空格处填写合适的语句。

22	for(j=0;j<Number-1;j++)
23	{
24	for(i=0;i<Number-1-j;i++)
25	{

26	if(bubble[i]<bubble[i+1])
27	{
28	temp=bubble[i];
29	bubble[i]=bubble[i+1];
30	bubble[i+1]=temp;
31	}
32	}
33	}

【练习 5-2】　若声明数组 int a[11]，利用 a[1]，…，a[10]来保存数据，则应该怎么修改程序？在下面程序的空格处填写合适的语句。

22	for(j=__0__;j<__Number-1__;j++)
23	{
24	for(i=__1__;i<__Number__;i++)
25	{
26	if(bubble[i]>bubble[i+1])
27	{
28	temp=bubble[i];
29	bubble[i]=bubble[i+1];
30	bubble[i+1]=temp;
31	}
32	}
33	}
34	printf("排好的顺序是：\n");
35	for(i=__1__;i<__Number+1__;i++)
36	{
37	printf("%5d",bubble[i]);
38	}

项目 10　大数求平均值问题

【练习 10-1】　保留 unsigned char 类型数据 a 的第 3 位，其他位清零。

1	/*==
2	*程序名称：tr10_1.c
3	*功能：指定的位保留
4	*==*/

5	#include <stdio.h>
6	#include <stdlib.h>
7	
8	int main()
9	{
10	unsigned char a = 25;
11	unsigned char b = 0x08;
12	a = a&b;
13	printf("保留第 3 位后，a 的值为：%d",a);
14	return 0;
15	}
16	

【练习 10-2】　保留指定的字节。

假设 int 类型的数据是 4 个字节，要保留最低字节，其他字节的数据都清零，写出完整的程序。

1	/*===
2	*程序名称：tr10_2.c
3	*功能：保留最低字节，其他字节清零
4	*===*/
5	#include <stdio.h>
6	#include <stdlib.h>
7	int main()
8	{
9	int a = 0x0034a267;
10	int b = 0x000000ff;
11	printf("a 的原数是：%x\n",a);
12	a = a&b;
13	printf("只保留最低字节，其他字节清零后，a 的值为：%x",a);
14	return 0;
15	}
16	

【练习 10-3】　最低位置 1。

假设数据为 a 为 int 类型，有 4 个字节，把 a 的最低位置 1，应该如何做呢？在下面空白处写出完整的程序。

1	/*===
2	*程序名称：tr10_3.c
3	*功能：最低位置 1
4	*===*/

5	#include <stdio.h>
6	#include <stdlib.h>
7	int main()
8	{
9	int a = 0x4534a26e;
10	int b = 0x00000001;
11	printf("a 的原数是：%x\n",a);
12	a = a|b;
13	printf("最低位置 1，a 的值为：%x",a);
14	return 0;
15	}
16	

【练习 10-4】 写一个函数，可以把整数的任意位清零。

| 23 | b = (~(1<<n))&a;　　　　　　//在横线上填写合适的表达式 |